本书为河北省教育厅科学研究项目资助的研究成果，项目编号：BJ2021056。

地下水资源管理
与环境保护研究

王 钰 著

群言出版社

QUNYAN PRESS

· 北 京 ·

图书在版编目（ＣＩＰ）数据

地下水资源管理与环境保护研究 ／ 王钰著．-- 北京：
群言出版社，2024.4
ISBN 978-7-5193-0948-0

Ⅰ．①地…　Ⅱ．①王…　Ⅲ．①地下水资源－水资源管
理　Ⅳ．① P641.8

中国国家版本馆 CIP 数据核字（2024）第 106554 号

责任编辑：高　旭
封面设计：知更壹点

出版发行：群言出版社
地　　址：北京市东城区东厂胡同北巷1号（100006）
网　　址：www.qypublish.com（官网书城）
电子信箱：qunyancbs@126.com
联系电话：010-65267783　65263836
法律顾问：北京法政安邦律师事务所
经　　销：全国新华书店

印　　刷：河北赛文印刷有限公司
版　　次：2024年4月第1版
印　　次：2024年4月第1次印刷
开　　本：710mm×1000mm　1/16
印　　张：8
字　　数：160千字
书　　号：ISBN 978-7-5193-0948-0
定　　价：36.00元

作者简介

　　王钰，河北省沧州市人，博士，毕业于西北农林科技大学水土保持与荒漠化防治专业，现为河北水利电力学院讲师。主要研究方向为循环农业生产模式的综合评价、地下水超采综合治理现状分析与评价。

前　言

地下水是地球上最重要的淡水资源之一，对生态平衡、人类日常生活和经济发展具有至关重要的作用。然而，随着人类活动范围的不断扩大，地下水资源正面临着前所未有的压力和威胁。部分地区存在无序开采、过度开采等问题。这些问题显著降低了地下水水位，造成了地面沉降、湿地萎缩等一系列地质生态环境灾害，不仅使地下水资源的可持续利用受到影响，还威胁到了区域经济社会的发展。在此形势下，我们需要建立健全的地下水资源管理体系，加强对地下水资源的保护，促进地下水资源的可持续利用。因此，地下水资源管理与环境保护成为当前亟待解决的重要问题。

全书共六章。第一章为绪论，主要阐述了地下水资源地理分布、地下水资源的类型及特征、地下水资源管理的目标、地下水资源环境保护的意义；第二章为地下水资源污染与超采问题，主要阐述了地下水资源的污染问题和地下水资源的超采问题；第三章为地下水资源管理的基本要素，主要阐述了地下水资源管理顶层设计、地下水资源行政管理、地下水资源法律管理、地下水资源监督管理；第四章为地下水资源管理的基本内容，主要阐述了地下水资源超采管理、地下水资源水位与水量的双控管理、地下水资源污染防治管理；第五章为地下水资源的可持续管理，主要阐述了地下水资源管理与可持续发展的联系和我国地下水资源可持续管理的对策；第六章为地下水资源环境保护经验与对策，主要阐述了地下水资源环境保护的经验和地下水资源环境保护的对策。

在撰写本书的过程中，作者借鉴了许多前人的研究成果，在此表示衷心的感谢，并衷心期待本书在读者的学习、生活以及工作实践中结出丰硕的果实。

由于作者的学识、时间和精力方面的局限，书中难免有疏漏和不当之处，敬请各位专家、读者不吝赐教！

盼望本书能够得到广大读者的关注和支持，希望我们的努力能够为地下水资源的可持续利用和环境保护事业做出一份贡献。

目 录

第一章　绪论

随着人口的增加和工业化的快速发展，人类对可持续且安全的水资源供应的需求越来越迫切。地下水的稳定性和较低的污染风险使其成为许多地区饮水和农业灌溉的主要来源，此外，地下水往往能够满足工业和城市用水的需要，为经济发展提供必要的支持。因此，地下水资源的合理开发与管理对于确保水资源的可持续利用、维护生态环境的健康以及促进社会经济的可持续发展，起着至关重要的作用。本章围绕地下水资源地理分布、地下水资源的类型及特征、地下水资源管理的目标以及地下水资源环境保护的意义四部分展开论述，为后续研究地下水资源提供依据。

第一节　地下水资源地理分布

一、全球地下水资源分布

全球地下水资源分布十分广泛，涵盖了各个大洲和不同地形、地貌的地区。全球有许多地方将地下水作为主要的水资源供应来源，尤其在干旱地区更是如此。以下为全球地下水资源分布概况。

北美洲和南美洲拥有丰富的地下水资源。美国、加拿大和巴西等国家在地下水资源的储量和可利用性方面处于领先地位。在北美洲，大型河流的存在以及合适的水文地质条件使得地下水资源丰富且可持续利用。南美洲的亚马逊雨林地区拥有充足的降水量，导致地下水资源储量较高。

亚洲是地下水资源众多的一个洲。中国、印度和伊朗等国家的地下水资源储量巨大，但由于人口密度大和经济发展快速，地下水资源面临着过度开采和污染的压力。此外，亚洲还有一些干旱地区，如中东地区和西部的内陆地区，地下水资源的供应相对较少。

欧洲也拥有丰富的地下水资源。北欧国家，如瑞典、芬兰和挪威，由于地质条件和气候条件的适宜，地下水资源丰富。地中海地区的国家，如西班牙、意大利和希腊，地下水资源量相对较少，需要依赖其他水资源或进行海水淡化来满足需求。

非洲大陆地区的地下水资源分布较为复杂。撒哈拉以南的一些非洲国家，如苏丹和埃塞俄比亚，由于地质构造和较高的降水量，因此地下水资源储量丰富，但还有许多非洲国家的地下水储量较少，这主要归因于地质条件和水土保持问题。

总体而言，全球地下水资源的地理分布受到地球自然环境和人类活动的影响。了解各地地下水资源分布的概况对于科学管理和合理利用地下水资源至关重要，这才能确保可持续发展和满足人类使用水资源的需求。在过度开采和污染的问题上，各国应遵循跨国合作和可持续发展的原则，以确保地下水资源的可持续利用并保护地球生态系统的可持续健康发展。

二、中国地下水资源的分布

中国地下水资源分布广泛且复杂。中国地下水资源主要分布在长江流域、黄河流域、淮河流域和珠江流域等地区，这些地区的地下水资源丰富，是中国农业灌溉、城市供水和工业生产的重要水源供给地区。

长江流域是中国最大的地下水储备区域之一。该地区包括四川盆地、云贵高原、贵州盆地和江汉平原等，其地下水资源丰富，很大程度上满足了该地农业、工业和城市居民用水的需求。黄河流域也是中国重要的地下水资源分布区域。黄河流域的地下水主要分布在河南、山东、河北等省份。由于黄河流域土地贫瘠，地下水资源成为支撑当地农业灌溉的关键水源。淮河流域地下水资源丰富，主要分布在安徽、江苏等省份。由于淮河流域地区地势平坦、地下水位较浅，所以地下水资源在灌溉农田、供应城市水源方面具有重要作用。珠江流域位于中国南部，主要分布在广东、广西等省区。该地区地下水资源丰富，承担了其农业、工业和城市供水的重要功能。

然而，中国地下水资源也存在着分布不均衡和过度开采的问题。一些地区由于人口密集和经济发展的需求，过度开采地下水资源，从而导致了地下水水位下降和地下水污染。因此，合理开发利用地下水资源、加强水资源管理和保护是解决中国地下水资源分布问题的重要方面。通过科学规划和管理，可以实现地下水资源的可持续利用，保障中国人民的用水需求。

第二节　地下水资源的类型及特征

一、地下水资源类型

根据埋藏条件，地下水可以划分为包气带水、潜水和承压水三类；根据含水层空隙性质，地下水可以划分为孔隙水、裂隙水和岩溶水三类。

（一）按埋藏条件分类

1. 包气带水

地表到地下水面之间的岩土空隙中既有空气，又含有地下水，这部分地下水称为包气带水。包气带水存在于包气带中，其中包括土壤水和上层滞水。

（1）土壤水

土壤水位于地表以下的土壤层中，主要以结合水和毛细水的形式存在，靠大气降水渗入、水汽凝结及潜水补给。其中，大气降水必须通过土壤层渗入，这时渗入水的一部分就保持在土壤层里，多余部分的重力水下降补给潜水。

土壤水的存在形式有气态水、吸湿水（吸着水）、薄膜水、毛管水（毛细管水）、重力水和固态水，现分述如下。

第一，气态水。它和空气一起存在于土壤孔隙中，与大气中所含的水汽性质完全一样，并和大气中的水汽相互联系着。气态水的活动性很大，可以随着空气一道在土壤孔隙中运动。这种气态水在活动过程中，一部分被较干的土壤分子吸收，成为吸湿水；另一部分仍在继续运动，当土壤受到压缩（或其他压力）时，它可随空气逸出，或被压缩在土壤围闭的孔隙中。气态水所占的比例很小，一般只占土壤水的几千分之一或几万分之一。

第二，吸湿水（吸着水）。它是被土壤分子引力吸附在土壤颗粒表面的水分，其吸附力很强，远远超过重力。据说吸附力可达 1000 个以上的大气压。吸湿水不受重力影响，不传递静水压力，不溶解盐类，不易冻结，无导电性，不能被植物吸收，只有在加热到 105 ～ 110℃时，才能变为水汽离开土粒。吸湿水的密度大于 1 克／厘米³，其中含水量一般小于 15%，重质黏土可达 10% ～ 15%，而中粗砂仅有 1% 左右。

第三，薄膜水。当土壤水分不断增加，土壤颗粒所吸附的水分也逐渐增多，水就包围在吸湿水外面，形成水膜，此即薄膜水。这种水不受重力作用，黏滞性大，溶解盐类的能力低，不传递静水压力，只能从薄膜厚的地方向薄的地方缓慢移动，直至水膜厚度相同为止。薄膜水一般不能被利用，但最外层的水分可被植物吸收。

第四，毛管水（毛细管水）。土壤孔隙中存在连通的孔隙，具有毛管的性质。当孔隙直径小于 1 毫米或裂隙宽度小于 0.25 毫米时，水可受毛管力支持而充满土壤的毛管孔隙，这就是毛管水。毛管水的形成有两种情况：一种是与潜水面有水力联系，饱和带的地下水在毛管作用下上升到一定的高度，这称为毛管上升水，是与潜水面连续的；另一种与潜水面没有联系，水源来自大气降水等，由地表渗入并悬于土壤孔隙中，称为毛管悬着水，一般是间断的。现简述毛管水上升的原理：在毛管内，土壤分子与水分子之间有吸附力（沿土壁上升的力），水分子相互之间有吸引力（内聚力或表面张力）；两边合力相加，则形成毛管上升力，然后水沿毛管上升；当毛管水上升到一定高度时，毛管上升力和重力平衡，毛管水停止上升，此即毛管水最大上升高度。

毛管水是由毛管力引起的，一般是孔隙愈细，毛管力愈大，毛管水上升的高度愈高。对于黏性土，虽然它的孔隙很细，但因孔隙的连通性不好，常有堵塞，故上升高度受到限制。不同土层的毛管水上升高度的大致范围不同。毛管水上升的高度还同水的矿化度和湿度有关。矿化度大、湿度低，水的黏滞性增大，毛管水上升高度要减小。毛管水可传递静水压力，因为静水能被植物吸收。在毛管水上升的最大高度及范围内，各处的含水量是不同的，离地下水面愈近（远）的地方，毛管水愈多（少），土壤含水量愈大（小）。

第五，重力水。能在重力作用下发生向下运动的自由水称为重力水，如降雨和灌溉入渗的水、地下径流和井泉中的地下水。

第六，固态水。当土壤及其周围的温度均低于 0℃时，孔隙中的水结成冰，成为固态，这部分水就称为固态水。

（2）上层滞水

上层滞水是指存在于包气带中局部隔水层或弱透水层上面的重力水。它是由大气降水和地表水等在下渗过程中局部受阻积聚而成的。这种局部隔水层或弱透水层在松散沉积物地区可能由黏土、粉质黏土等透镜体所构成，在基岩裂隙介质中可能由局部地段裂隙不发育或裂隙被充填所造成。由于埋藏特点，上层滞水具有上层滞水的水面构成其顶界面的特征。该水面仅承受大气压力而不承受静水压力，是一个可以自由涨落的表面。大气降水是上层滞水的主要补给源，因此其补给区与分布区相一致。在一些情况下，还可能获得附近地表水的入渗补给。上层滞水通过蒸发及透过其下面的弱透水底板缓慢下渗进行垂向排泄，同时在重力作用下，在底板边缘进行侧向的散流排泄。上层滞水的水量一方面取决于其补给水源，即气象和水文因素，另一方面取决于其下部隔水层的分布范围。通常上层滞水分布范围不大，因此不能保持常年有水，但当气候湿润、隔水层分布范围较大、埋藏较深时，也可赋存相当水量，甚至可能终年不干。上层滞水水面的位置和水量的变化与气候变化息息相关，季节性变化大，极不稳定。因此，由上层滞水所补给的井或泉，尤其当上层滞水分布范围较小时，常呈季节性存在。雨季或雨后，泉水出流，井水水面上涨；旱季或雨后一段时间，泉水流量急剧减小甚至消失，井水水面下降甚至干涸。由于距地表近，补给水入渗路径短，上层滞水容易受污染。因此，缺水地区如果利用它作生活用水的水源（一般只宜作小型供水源），需要对水质问题尤其注意。

2. 潜水

潜水主要是埋藏在地表以下且在第一个连续、稳定的隔水层（不透水层）之上，并具有自由水面的重力水。潜水一般存在于第四系松散堆积物的孔隙中（孔隙潜水）及出露于地表的基岩裂隙和溶洞中（裂隙潜水和岩溶潜水）。

潜水的自由水面称为潜水面。潜水面上每一点的绝对（或相对）高程称为潜水位。潜水面至地面的距离称为潜水的埋藏深度。由潜水面往下到隔水层顶板之间充满了重力水的岩层称为潜水含水层，其距离则为含水层厚度。

（1）潜水的特征

潜水的埋藏条件决定了潜水具有以下特征。

第一，由于潜水含水层上面不存在完整的隔水或弱透水顶板，与包气带直接连通，因而在全部分布范围内的潜水都可以通过包气带接受大气降水、地表水的补给。平时，潜水在重力作用下由水位高的地方向水位低的地方径流。潜水的排泄，除流入其他含水层外，泄入大气圈与地表水圈的方式还有两类：一类是径流到地形低洼处，以泉、泄流等形式向地表或地表水体排泄，这便是径流排泄；另一类是通过土面蒸发或植物蒸腾的形式进入大气，这便是蒸发排泄。

第二，潜水与大气圈及地表水圈联系密切，气象、水文因素的变动对它的影响较大。丰水季节或年份，潜水接受的补给量大于排泄量，潜水面上升，含水层厚度增大，埋藏深度变小；干旱季节，排泄量大于补给量，潜水面下降，含水层厚度变小，埋藏深度变大。潜水的动态有明显的季节变化的特点。

第三，潜水积极参与水循环，所以潜水资源易于补充恢复，但易受气候影响，且含水层厚度一般比较有限，其资源通常缺乏多年调节性。

第四，潜水的水质主要取决于气候、地形及岩性条件。

第五，潜水的排泄（即含水层失去水量）主要有两种方式：一种是以泉的形式出露于地表或直接流入江河湖海中，这是潜水的一种主要排泄方式，称为水平方向的排泄；另一种是消耗于蒸发的排泄，为垂直方向的排泄。湿润气候及地形切割强烈的地区，有利于潜水的径流排泄，有利于形成含盐量不高的淡水。干旱气候下由细颗粒组成的盆地平原，其潜水以蒸发排泄为主，有利于形成含盐量高的咸水，因此，潜水容易受到污染，对潜水水源应注意卫生防护。

（2）潜水的补给、排泄和径流

含水层从外界获得水量的过程叫做补给，耗失水量的过程叫做排泄，地下水由补给区向排泄区流动的过程便是地下水的径流。补给和排泄是含水层与外界进行水量和盐分交换的两个环节，控制和影响着含水层中地下水的水量、水质及其变化，也控制着地下水在含水层中的径流情况。径流则是在含水层内部进行水量和盐分的积累和输送，并调整含水层内部势能和盐分的分配。地下水的补给、排泄和径流构成了地下水的循环交替，使地下水资源具有不断获得补充和更新的特点。因此，只有正确分析含水层的补给、排泄和径流条件才能正确评价含水层中的地下水资源，才能在开发利用地下水或防水治水过程中采用合理的方案和措施。

第一，潜水的补给。大气降水和地表水的入渗是潜水的主要补给源。在特定条件下潜水还可获得来自承压含水层中的地下水（承压水）、水汽凝结水等的补给。具体的情况简述如下。

大气降水对潜水的补给：通常情况下，大气降水是潜水的主要补给源。潜水含水层的分布面大部分能获得大气降水的入渗补给，因此降水的补给是面的补给。降水量的多少、降水的性质和持续时间、包气带的岩性和厚度、地形以及植被情况等因素均不同程度地影响着降水对潜水的补给。短期的小雨、小雪在入渗过程中主要润湿浅部的包气带，雨停后水量又很快耗失与蒸发，对潜水的补给作用甚微；急骤的暴雨水量过于集中，超过了包气带的吸收能力，尤其是在地形坡度大的地方，大部分降水以地表径流的方式流走，补给潜水的水量所占比例甚小；长时间的绵绵细雨对潜水的补给最为有利。包气带是降水入渗补给潜水的通道。包气带岩土的渗透性越强，其厚度越小则下渗的水流到达潜水面越快，中途水量的损耗就越少，越有利于潜水获得补给。中国广西部分岩溶发育地区，降水的入渗量达 80% 以上，即绝大部分的降水都补给了地下水。地形的陡缓明显地影响着降水对潜水的补给：地形陡峻的山区，降水到达地表后不易蓄积而很快地沿地表流走，因此不利于对潜水的补给；平坦尤其是低洼地形处，则有利于潜水接受补给。例如，中国西北的黄土高原，由于地形陡，且缺乏植被覆盖，常常出现水土流失的状况，不利于降水对潜水的补给。植被的覆盖有助于减缓冰雪融化的速度，阻滞降水转化成地表径流，从而有利于潜水获得补给。

地表水的入渗对潜水的补给：当江、河、湖、海及水库等地表水体与潜水之间具有水力联系且其水面高出潜水面时，便可对潜水进行补给。冲积扇、洪积扇的顶部地区一般分布着透水性能良好的沙砾石层，该地区的地表水往往大量渗漏补给潜水，构成潜水的长年补给源。在大河的中上游地区，洪水季节的河水往往高于附近的潜水位面，从而构成潜水的补给源。这些地段里河水与潜水的补排关系受地貌、岩性及水文动态影响而较为复杂，必须具体情况具体分析。

承压水对潜水的补给：当潜水含水层与下部的承压含水层之间存在导水通道，同时潜水位又低于下伏承压水的测压水位时，承压水便通过导水通道向上补给潜水。这种导水通道可能是由隔水层中存在的"透水性天窗"或是导水的断层和断层破碎带等所组成的。承压水与潜水间的水位差值越大，通道的透水性能越好，或者通道截面积越大、距离越短，则承压水对潜水的补给量越大。当潜水含水层底板由厚度不大的弱透水层组成时，如果下伏承压水的水位比潜水位足够高，在这种水位差的作用下，承压水就可透过其顶部的弱透水层补给潜水。这种补给方式通常叫作越流补给。

水汽凝结水对潜水的补给：中国西北沙漠地区日温差极大，晚上因土壤散热，温度急剧下降，其空隙中的相对湿度迅速提高，达饱和状态之后其水汽凝结成液态水，导致水汽压力降低，与地表大气中的水汽压力形成压差，大气中的水汽便向土壤空隙移动，从而使凝结水源源不断地补给潜水，这成为该地区潜水的重要补给源。此外，在农灌区、城市和工矿山，特别是包气带透水性能良好的地区，潜水还可获得农田灌溉水、城市工矿的生活用水和工业废水等的回渗补给。

第二，潜水的排泄。潜水的排泄是指潜水源区中的污染物在地下水中的运移和转化过程。这些污染物主要来自农业、工业和城市等活动，如化学物质、有机物和微生物等。潜水排泄的影响主要包括两个方面：一方面是对地下水质的污染。排泄物中的有害化学物质和微生物通过渗透、浸渗或地下水流动的方式进入地下水层，污染地下水资源。这可能对城市供水系统和饮用水安全构成威胁，导致地下水中的污染物超过卫生标准，使水源不适合饮用和农田灌溉。另一方面是对自然环境的影响。潜水排泄可能破坏地下水生态系统，影响地下水中的生物多样性和生态过程。污染物的输入可能导致潜水源区的自然地下水生态系统的扰动，破坏其物种平衡和生态功能。

自然条件下潜水主要有以下几种排泄的方式：以泉的形式出露地表；向地表水体排泄；通过蒸发逸入大气。其中前两种方式潜水转化为地表水流，排泄的方向以水平方向为主，统称为径流排泄。蒸发使潜水转化成水汽进入大气，以垂直方向为主，称之为蒸发排泄。此外，在一定条件下潜水还可通过透水通道或弱透水层而向邻近的承压含水层排泄。具体情况可以分成以下几种。

泉：泉是地下水在地表出露的天然露头。由潜水和上层滞水所补给的泉叫下降泉。在这类泉水的出口附近，地下水往往由上向下运动。由潜水所补给的泉，其流量呈明显的季节性变化，即丰水季节流量显著增大。

潜水向地表水体的排泄：当地表水体与潜水含水层间无阻水屏障，且地表水面低于附近的潜水面时，潜水便向地表水体排泄。潜水向地表水体排泄与潜水接受地表水体的补给，二者情况相似，只是水流方向相反。因此，影响潜水排泄量的因素以及潜水排泄量的计算方法与前面有关地表水对潜水补给部分的讨论相同。潜水排入河中的水量还可采用水文分割法，即通过对河水量过程曲线进行分割来确定。

蒸发：潜水的蒸发包括通过包气带进行的土面蒸发和通过植物所进行的叶面蒸发（蒸腾）两种形式。前者是指潜水在毛细作用下源源不断地补给潜水面以上的毛细水带，以供该带上部毛细弯液面处的水不断变成气态水逸入大气的一种形式。后者则为植物根系吸收水分通过叶面蒸发而逸入大气的一种形式。两种蒸发形式中的排泄方向都是垂直向上，排泄过程中主要是水量的耗失，而水中的盐分仍积聚在地壳中。在干旱地区，特别是地形低平处，潜水流动缓慢，当潜水面埋藏较浅，毛细带上缘接近地表时，蒸发就成为潜水排泄的主要甚至是唯一的方式。蒸发排泄量的大小主要受气象因素、包气带的岩性及潜水埋藏深度等因素影响。包气带毛细性能越好、空气的气温越高、相对湿度越小、潜水埋藏越浅，则蒸发越强烈。此外，植物的类型对潜水的蒸发排泄量也有一定影响。当潜水与邻近承压水含水层之间存在导水通道或潜水含水层和下伏承压含水层间的岩层为弱透水层，且潜水的水位高出承压水的水位时，或潜水含水层位于承压水层的补给区时，潜水还可向承压含水层进行排泄。随着工农业生产日益发展，取水或排水工程日益增加，这些人工排泄的潜水水量在一些地区占相当一部分的比例，局部地区的人工排泄甚至成为当地潜水的主要排泄方式。不同排泄方式所引起的后果也不相同。水平排泄时排出水量的同时也排出了含水层中的盐分。因此，其总的趋势是使含水层越来越淡化。蒸发排泄仅耗失水量，而地下水中的盐分则停留于地壳中，积聚在地表附近，结果造成了地下水的浓缩和土壤中盐分的增加。在干旱、半干旱地区，尤其当土壤层由毛细性较好的粉土或粉砂等组成时，在潜水埋藏浅的低平地区，强烈蒸发常常导致出现土壤盐渍化现象。

第三，潜水的径流。自然界中潜水总是由水位高处向水位低处流动，这种流动过程便是潜水的径流。潜水在径流过程中不断汇聚水量、溶滤介质、积累盐分，并将水量和盐分最终输送到排泄场所排出含水层。地形起伏、水文网的分布和切割情况，含水层的补给和排泄条件（位置、数量和方式）以及含水层的导水性能等因素影响着潜水的径流（径流方向、强度和径流量）。潜水的径流强度通常用单位时间内通过单位过水断面的水量——渗透速度来表征。显然，径流强度的大小与补给量、潜水的水力坡度、含水层的透水性能等因素成正比。在补给量较大的地段，从岩石圈进入地下水中的盐分能及时被水流携走，地下水往往为低矿化的淡水；反之，在补给量较小的地段，地下水的矿化度一般较高。含水层透水性能的差异可导致径流分配的差异。在水力坡度相同的情况下，透水性越好的地方，径流越通畅，径流强度越大，径流量也相对集中。因此在大河下游堆积平原中，在河流边岸附近及古河床分布地段，常常可以找到水量丰富、水质好的地下水流。

3. 承压水

（1）承压水的概念

充满于两个隔水层（弱透水层）之间含水层中的地下水称为承压水。承压含水层上部的隔水层（弱透水层）称作隔水顶板，下部的隔水层（弱透水层）称为隔水底板。隔水顶、底板之间的距离为承压含水层厚度。

含水层中心部分埋没于隔水层之下，是承压区；两端出露于地表，为非承压区。含水层从出露位置较高的补给区获得补给，向另一侧出露位置较低的排泄区排泄。受到来自出露区地下水的静水压力的作用，承压区含水层不但充满水，而且含水层顶面的水还要承受大气压强以外的附加压强。当钻孔揭穿隔水顶板时，钻孔中的水位将上升到含水层顶部以上一定高度才会静止下来。钻孔中静止水位到含水层顶面之间的距离称为承压高度，这就是作用于隔水顶板以水柱高度表示的附加压强。

（2）承压水的类型

承压水的形成主要取决于地质构造，不同的地质构造决定了承压水埋藏类型的不同，这是承压水与潜水形成的主要区别。构成承压水的地质构造大体可以分为两类：一类是盆地或向斜构造，另一类是单斜构造。这两类地质构造在不同的地质发展过程中，常被一系列的褶皱或断裂复杂化。埋藏有承压水的向斜构造和盆地构造称为承压（或自流）盆地；埋藏有承压水的单斜构造称为承压（或自流）斜地。两种构造简述如下。

第一，承压（或自流）盆地。每个承压盆地都可以分成3个部分：补给区、承压区和排泄区。盆地周围含水层出露地表，露出位置较高者为补给区，较低者为排泄区，补给区与排泄区之间为承压区。

第二，承压（或自流）斜地。由含水岩层和隔水岩层所组成的单斜构造，由于含水岩层岩性发生相变或尖灭，或者含水层被断层所切，均可形成承压斜地。

（3）承压水的埋藏特征

充满在两个稳定的不透水层（或弱透水层）之间的含水层中的重力水称为承压水，该含水层称为承压含水层。钻进时，当钻孔（井）揭穿承压含水层的隔水顶板并见到地下水时，此时井（孔）中水面的高程称为初见水位。此后水面不断上升，到一定高度后便稳定下来不再上升，此时该水面的高程称为静止水位，即该点处承压含水层的测压水位。承压含水层内各点的测压水位连成的面即该含水层的测压水位面。某点处由其隔水顶界面到测压水位面间的垂直距离叫作该点处承压水的承压水头。承压水头的大小表明了该点处承压水作用于其隔水顶板上的静水压强的大小。当测压水位面高于地面时，承压水的承压水头称为正水头；反之则称负水头。在具有正水头的地区钻进时，若含水层被揭露，水便能喷出地表，通常称之为自流水，揭露自流水的井叫自流井。在具有负水头的地区进行钻进，当含水层被揭露之后，承压水的静止水位高于含水层的顶界面但低于地面。由于埋藏条件不同，承压水具有与潜水和上层滞水显著不同的特点。承压含水层的顶面承受静水压力是承压水的一个重要特点。承压水充满在两个不透水层之间，补给区位置较高而使该处的地下水具有较高的势能。静水压力传递使其他地区的承压含水层顶面不仅要承受大气压力和上覆地层的压力，还要承受静水压力。承压含水层的测压水位面是一个位于其顶界面以上的虚构面。承压水由测压水位高处向测压水位低处流动。当含水层中的水量发生变化时，其测压水位面亦因之而升降，但含水层的顶界面及含水层的厚度不发生显著变化。由于上部不透水层的阻隔，承压含水层与大气圈及地表水的联系不如潜水密切。承压水的分布区通常大于其补给区。承压水资源不如潜水资源那样容易得到补充和恢复，但承压含水层一般分布范围较大，往往具有良好的多年调节能力。承压水的水位、水量等的天然动态一般比较稳定。承压水通常不易受污染，但被污染后净化极其困难。因此在利用承压水作供水水源时，针对水质保护问题同样不能掉以轻心。由于存在隔水顶板，上覆岩层的压力由含水层中的水和骨架共同承担，承压水的静水压力参与平衡上覆岩层压力的作用。因此，当含水层的水位发生变化时，承压含水层便呈现出弹性变化，即当承压水水位上升时，静水压力加大，骨架所受的力便减小，地下水由于压力增大而压缩，骨架则由于减小压力而膨胀，主要表现为空隙空间增加，其结果是使含水层吸收水量而增大储存量；当承压水水位下降时，则起相反的作用，即水的体积增大而含水层的空隙空间减小，含水层中释放一定数量的地下水，减少含水层中水的储存量。承压含水层的这种弹性变化特性是大城市集中开采承压水地段地面沉降的主要原因。

（4）承压水的补给和排泄

与潜水情况相似，承压水可能有各种不同的补给源。含水层露头区大气降水的补给往往是承压水的主要补给来源，其补给量的大小取决于露头区的面积、降水量的情况、露头区岩层的透水性能以及露头区的地形条件。当露头区位于地形较高处时，含水层仅能接受露头区部分降水量的补给；当露头区位于地形低洼处时，该含水层不仅获得露头区降水的入渗补给，而且还能获得该地段的整个汇水范围内降水的入渗补给。当承压含水层的补给区位于河床或地表水体附近，或地表水与承压含水层之间存在导水通道，且含水层的测压水位低于地表水的水位时，承压水便可获得地表水的补给。同一地区通常存在几个含水层，某一承压含水层与潜水或其他承压含水层之间如果存在导水通道，而且其测压水位面低于其他含水层中地下水的测压水位面时，该含水层就可能获得其他含水层中的地下水的补给。由于地形与构造组合情况不同，补给层的位置亦不相同。正地形时补给来自下伏的含水层，而负地形时补给层位于上方。一些地区为达到供水或排放工业废水的目的，向承压含水层人工回灌低矿化水或废水，构成了承压水的另一补给来源——人工补给。承压水常常以泉（或泉群）的形式进行排泄。由承压水补给的泉叫上升泉。这类泉水的出口处由于存在一定的承压水头，地下水由下向上流动，常常出现上涌、冒泡和翻砂等现象。由深部地下水所补给的泉水常具有较高的温度而形成了温泉，其矿化度亦较高，并常富集某些元素和其他成分。

（二）按含水层空隙性质分类

1. 孔隙水

孔隙水广泛分布于第四系松散沉积物中，其分布规律主要受沉积物的成因类型控制。孔隙水主要的特点是其水量在空间分布上连续性好，相对均匀。孔隙水一般呈层状分布，同一含水层中的水有密切的水力联系，具有统一的地下水面，一般在天然条件下呈层流运动。

（1）洪积物中孔隙水

洪积物是山区洪流携带的碎屑物在山口处堆积而成的。洪积物常分布于山谷与平原交接部位或山间盆地的周缘，地形上构成以山口为顶点的扇形体或锥形体，故称洪积扇。从洪积扇顶部到边缘其地形由陡逐渐变缓，洪水的搬运能力逐渐降低，沉积物颗粒逐渐由粗变细。根据不同的水文地质条件，可把洪积扇分为潜水深埋带、潜水溢出带和潜水下沉带三个带。

（2）冲积物中孔隙水

河流上游山间盆地常形成砂砾石河漫滩，其厚度不大，由河水补给，水量丰富、水质好，可作供水水源。河流中游河谷变宽，形成宽阔的河漫滩和阶地。河漫滩沉积常有上细（粉细砂、黏性土）下粗（砂砾）的二元结构。有时上层构成隔水层，下层为承压含水层。河漫滩和低阶地的含水层常由河水补给，水量丰富、水质好，是很好的供水水源。

（3）黄土中的孔隙水

因黄土分布地区特定的地质和地理条件，加之黄土结构疏松，无连续隔水层，总的来说比较缺水。黄土塬地形宽阔平坦，补给面积较大，有相对隔水层蓄积潜水，地下水较丰富；而黄土梁、黄土峁地形不利于地下水的富集。

2. 裂隙水

埋藏于基岩裂隙中的地下水称裂隙水。根据裂隙成因不同，裂隙水可分为风化裂隙水、成岩裂隙水与构造裂隙水。

（1）风化裂隙水

风化裂隙水一般分布于暴露基岩的风化带中，风化带厚度一般为20～30米。在潮湿地区的上部强风化带，由于被化学风化产生的次生矿物充填，其富水性反而比下部中等风化带差。风化裂隙水多为潜水，水质好，但水量不丰富，可作小型供水水源。

（2）成岩裂隙水

岩石在成岩过程中，由于冷凝、固结、脱水等作用会产生原生裂隙，一般见于岩浆岩和变质岩中。成岩裂隙发育均匀，呈层状分布，多形成潜水。当成岩裂隙岩层上覆不透水层时，可形成承压水，如玄武岩成岩裂隙常以柱状节理形式发育，裂隙宽、连通性好，是地下水赋存的良好空间，并且承压水水量丰富、水质好，是很好的供水水源。

（3）构造裂隙水

岩石构造裂隙是在构造应力作用下产生的裂隙，存在于其中的地下水为构造裂隙水。构造裂隙水可呈层状分布，也可呈脉状分布；可形成潜水，也可形成承压水。断层带是构造应力集中释放造成的断裂。大断层常延伸数万米至数十万米，宽数百米。发育于脆性岩层中的张性断层，中心部分多为疏松的构造角砾岩，具有良好的导水能力。当这样的断层沟通含水层或地表水体时，断层带兼具储水空间、集水廊道与导水通道的能力，对地下工程建设危害较大，必须予以高度重视。

3. 岩溶水

赋存于可溶性岩层的溶蚀裂隙和洞穴中的地下水称岩溶水（喀斯特水），它可以是潜水，也可以是承压水。岩溶水的补给来源是大气降水和地面水，其运动特征是层流与紊流、有压流与无压流、明流与暗流、网状流与管道流并存。岩溶常沿可溶岩层的构造裂隙带发育，通过水的溶蚀，常形成管道化岩溶系统，并把大范围的地下水汇集成一个完整的地下河系。因此，岩溶水在某种程度上带有地表水系的特征：空间分布极不均匀，动态变化强烈，流动迅速，排泄集中。岩溶水水量丰富、水质好，可作大型供水水源。

二、地下水资源特征

（一）本质特征

1. 补、径、排特征

地下水不断参与自然界的水循环。含水层或含水系统经由补给从外界获得水量，通过径流将水量由补给处输送到排泄处向外界排出。在补给与排泄过程中，含水层与含水系统除了与外界交换水量，还交换能量、热量与盐量。因此，补给、径流与排泄决定着地下水的水量、水质在空间与时间上的不同分布。含水层或含水系统从外界获得水量的过程称作补给。补给除了获得水量，还获得一定盐量或热量，从而使含水层或含水系统的水化学与水温发生变化。补给获得水量，不仅抬高了地下水水位，还增加了势能，使地下水保持流动。假如由于构造封闭或气候干旱，地下水长期得不到补给，便会停滞或干枯。地下水补给来源主要有大气降水、地表水、凝结水、相邻含水层之间的补给以及人工补给等。

径流是连接补给与排泄的中间环节，通过径流，地下水的水量、盐量和能量由补给区传送到排泄区，实现重新分配。地下水径流的特点：地下水径流首先取决于水力梯度，地下水总是流向水力梯度最大的方向；径流受到岩石透水性的制约；水流常呈层流运动，流速很小，通常不考虑动能；径流的强弱影响着含水层的水量与水质。

含水层或含水系统失去水量的过程称为排泄。在排泄过程中，含水层与含水系统的水质也发生相应变化。地下水通过泉、向河流泄流或者蒸发、蒸腾等方式向外界排泄。此外，还存在由一个含水层（含水系统）向另一个含水层（含水系统）排泄的现象。用井孔抽汲地下水，或用渠道、坑道等排出地下水，均属地下水的人工排泄。

2. 运动特征

根据流速大小，渗流可分为层流和紊流两种流态。层流是在岩石空隙中渗流时水的质点作有秩序的、互不混杂的流动。紊流则是在岩石空隙中渗流时水的质点作无秩序的、互相混杂的流动。

根据运动要素随时间的变化，渗流又分为稳定流和非稳定流。稳定流是指地下水的各个运动要素（水位、流速、流向等）不随时间而改变；非稳定流是指地下水的各运动要素随流程、时间等不断发生变化。

在自然条件下，地下水径流均属于非稳定流。这主要表现在以下几个方面：地下水补给水源受水文、气象因素影响大，呈季节性变化；排泄方式具有不稳定性；径流过程中存在不稳定性。为了便于计算，常将某些运动要素变化微小的渗流近似为稳定流。

（二）基本特征

1. 储量丰富

地下水储量远超过地表水，被认为是世界上最大的淡水资源之一。地下岩层中的孔隙和裂隙可以储存大量的水，满足人类和生态系统的需求。

2. 保持稳定

地下深处的地下水通常具有相对稳定的温度、盐度和化学成分，使其成为可靠的供水来源。

3. 长期补给

地下水是通过降水的渗入以及来自地表水流的渗漏等方式来补给的。这种补给过程是持续的，并且不受季节、气候和降水变化的影响。

4. 缓冲能力

地下水能够缓冲干旱时期紧急用水的需求。地下水库可以在干旱或枯水期间继续供给水源，满足农业、工业和生活用水的需求。

5. 慢速移动

相比起地表水，地下水的流动速度较慢。它通过岩层中的孔隙和裂隙进行渗流，流速通常是米／年或厘米／天的量级。这种慢速移动使得地下水具有较长的延续时间，可延长供水期限。

6. 水质纯净

地下水较少受到表面污染源的直接影响，因此其水质通常比地表水更好。地下水锁定在地下岩层中，自然过滤作用可以去除许多悬浮物、微生物和有机化合物，使其更适合用于供水。

7. 地域差异

地下水资源的分布和质量在不同地区有较大差异。地质和地形特征是地下水资源分布的主要决定因素，不同地区的地下水储量和水质条件可能存在显著的差异。

第三节　地下水资源管理的目标

一般来说，地下水资源管理有多重目标。例如，满足用水需求、获得利润、保持资源可持续发展、保护地下水环境和生态系统等。因为部分目标相互冲突，所以需要平衡各目标，这是依赖于政治和社会的主观活动，其选择的结果依赖于地下水资源管理策略。具体来说，地下水资源管理的具体目标如下。

第一，保证水质、水量供应安全。对供水不足时受到损害最严重的领域（饮用水供应、灌溉）进行优先分配，通过规范地下水开采和控制土地使用保护地下水水质；解决地下水使用中的矛盾并防止新矛盾发生；防止或减少对可再生地下水的过度开采。

第二，保证按计划开采不可再生地下水，避免供水中断，为后代的需求考虑。促进地下水的使用实现最大的经济价值和社会价值。在开采地下水产生负面效应最小的情况下调节地下水的使用量。

第三，保护河道和湿地，特别要注意对补给这些水体的地下水的保护，从而有助于保证地下水的水质和最小流量。虽然地下水资源管理和地表水资源管理目标相似，但具体的目标会有所偏差或关联程度不同。例如，为了人类生存安全而防止灾害性洪水是地表水资源管理的一个主要目标，但不是地下水资源管理的目标；局部地区疏放地下水以促进采矿和其他的地下资源利用是地下水资源管理专有的目标。

第四，提高资源利用效率。地下水资源是有限的，在地下水管理中，促进地下水的高效利用是重要目标之一。通过科学测算地下水资源总量和可用量，合理规划和管理地下水开发利用，以最大程度地提高地下水资源的利用效率，减少水资源的浪费。

第五，保护生态环境。地下水与地表水、土壤等环境要素紧密联系，地下水的过度开发和污染都会对生态环境造成严重影响。因此，地下水资源管理的目标之一是保护和恢复地下水和生态系统的良好状态，通过减少排污和控制地下水开采量，保持生物多样性和生态平衡。

第六，加强监测和数据管理。地下水资源管理目标包括建立完善的地下水监测网络和数据管理系统，及时掌握地下水资源的变化和利用情况。这样可以为决策者提供准确的科学依据，以制定合理的地下水管理政策。

第七，促进国际合作和交流。地下水资源是跨境性的，地下水管理需要跨区域和跨国合作。地下水资源管理的目标之一是加强国际合作和交流，使各个国家共同应对地下水问题，推动地下水资源的可持续利用和保护。

第四节　地下水资源环境保护的意义

在实际供水水源中地下水处于重要的地位，具有独特的优势，如地下水地域分布广泛，便于就地分散开采，占地少，开发投资小，有较大灵活性；蒸发损失少，具有空间调节能力和季节调节能力，便于平衡；水量、水质、水温相对稳定，供水保证程度较高；水质更适于饮用，有不易污染等特性，因此地下水资源在水资源的保存、保护和开发利用方面，具有比地表水资源更为优越的条件。不仅在地表水资源较丰富的地区，地下水资源能发挥其独特的作用，而且在北方干旱和半干旱地区，地下水资源更是最重要的供水水源。

一、宏观层面

（一）有助于实现水资源的可持续利用

地表水和地下水是水资源的重要组成部分，它们之间存在密切联系而且可以相互转化。河川径流中包括一部分地下水的排泄水，而地下水又承受地表水的入渗补给。要实现水资源的可持续利用，就必须同时保护地表水资源和地下水资源。

地下水资源的可持续利用还是保证居民饮水安全的基础。在地下水资源供给与需求之间负相关关系足够明显的时候，人们很容易对地下水资源这一公共资源采取抢占、争夺、污染甚至破坏等一系列非合理的做法——尽管这种行为对个人而言可能是理性的，或者说，正是由于这种行为使饮用水的供给与需求之间的关系呈现一种负相关的关系。很明显的是，这种行为间接或直接地对地下水资源造成了负面影响，从而对居民饮水安全造成潜在或明显的威胁。那么解决地下水资源的可持续利用问题、降低地下水资源供给与需求之间的负相关性程度成为解决居民饮水安全问题的关键所在。

水环境容易受到破坏，特别是地下水。地下水资源与地表水资源相比较而言，其循环更为缓慢，当开采量超过补给量时，水资源的质和量都会失去平衡。地下水过分开采必然导致河川径流和泉水的减少，并由此引发一系列的地质环境问题，而且地下水一旦被污染，要进行治理非常困难，从而使水资源失去原有存在的环境条件，失去作为能开发利用的水源地的应有价值。因此，各国都非常重视对地下水资源的保护，有很多国家将地下水资源作为"子孙水"来进行保护，并制定了比保护地表水资源更为严厉的制度。

在开发利用地下水资源时，应采取以下保护措施：加强地下水源勘察工作，掌握水文地质资料，全面规划、合理布局，统一考虑地表水和地下水的综合利用，避免过量开采和滥用水源；采取人工补给的方法，但必须注意防止地下水的污染；建立监测网，随时了解地下水的动态和水质变化情况，以便及时采取防治措施。采取这些措施将有助于实现水资源的可持续利用。

（二）有助于维护国际和平与安全

地球上只有 2.5% 的淡水，因而淡水被称为"蓝金"。这些淡水大部分存在于冰川和冰帽之中，难以利用。地表江湖中的水只占地球淡水的 3/10，并且有逐渐干枯的趋势。由于地下水资源越来越缺乏，地下水的质量越来越恶化，地下水资源成为人类生存和发展越来越重要的战略资源。因此，水资源很容易引起国家间的争夺和冲突，引发一系列与水有关的安全问题。1977 年，联合国警告全世界："水不久将成为一项严重的社会危机，石油危机之后的下一个危机是水。"① 跨界含水层 (系统) 是全球地下水资源的重要部分，然而，全球约有 8% 的跨界含水层 (系统) 面临着人类过度开发带来的可持续利用压力，目前这些跨界含水层 (系统) 还停留在各国独立开发和管理的阶段，其管理存在重视程度不足、水文地质研究亟待完善、水管理机构职能弱化以及法制约束不强等问题。随着水资源战略地位的凸显，如何有效、可持续地进行跨界含水层 (系统) 管理、维护国家水安全逐渐成为各国关注的热点和难点。近几十年来，尽管世界各国签订了几百个水协议，但没有一项是针对深层地下蓄水层的。因此，在开采跨国界地下水资源的行动中，尽管冲突频发，也没能使各国停止贪婪的竞采。

自 1948 年以色列建国以来，中东地区一直存在着极其严重的水资源争端问题。1967 年爆发中东战争的一个直接因素就是阿拉伯联盟的成员国在 20 世纪 60 年代初企图改变约旦河的河道，使之远离以色列。当时的以色列总统列维宣称，水是以色列的生命，以色列将用行动来确保河水继续供给。于是以色列以武力占领了约旦河流域的大部地区，使自己有了比较可靠的水源供应。其实有关水资源的争端不只发生在中东地区，在欧洲也曾发生过围绕多瑙河的政治争执。在南亚大陆，关于恒河水分配问题的分歧至今也未缓和。在非洲，争夺尼罗河流域水的冲突更为激烈，该流域包括埃及、苏丹、埃塞俄比亚、肯尼亚等 9 个世界上干旱最严重的国家。

为此，国际水文地质学家协会已开始实施一项大型地下水调查绘图计划，以测定世界上几个最大的地下蓄水层的轮廓和含水量。这一计划一旦完成，就有可能在那些存在地下蓄水层资源共享问题的国家间达成合理的协议。其中，由阿根廷、巴西、巴拉圭和乌拉圭共享的瓜拉尼（Guarani）蓄水层是研究工作的重点。这一蓄水层可在 200 年内，为 55 亿人每天每人供水 27 加仑。其他的蓄水层处于中东、北非和高加索山脉区，可见地下水资源问题已成为当今世界各国共同面临的一大难题。种种迹象表明，该问题已成为国际社会共同关注的焦点。因此，解决好地下水资源保护和利用的问题有助于维护国际和平与安全。

① 韦人. 水：人类面临的危机 [J]. 中国行政管理，1995（6）：6-7.

二、微观层面

（一）有助于满足人的生存用水需求

地下水是人类重要的饮用水来源之一。保护地下水资源可以确保人们的饮水安全，而地下水资源的污染会直接威胁到人们的健康。地下水也是农业灌溉的重要水源之一。许多农业地区依赖地下水进行灌溉，保护地下水资源不仅可以维持农业的正常运行，还可以提高农作物产量和质量，保障粮食安全。保护地下水资源还有助于避免地下水水位下降。当地下水水位下降时，地上地质层可能会塌陷甚至形成沉降漏斗，对土地利用和建筑物造成损害。

水对人类的生存和发展具有不可替代的地位和作用，是生命的源泉，是人类和一切生物生存和发展的基础。保护地下水资源不受水环境污染和破坏的影响关系到人类的生命健康和安全。水资源是人类生存的基本条件，也是经济发展、社会稳定和环境改善不可缺少、不可替代的重要物质，是实现可持续发展的重要因素。

作为公共资源，地下水资源的安全指的是对人的生命健康和生存（或卫生）没有危险、危害、干扰等有害影响。地下水资源的性质和功能客观上要求必须保证其绝对安全，避免其对人的生命健康和生存造成损害，确保地下水资源的水量供给和水质免受污染威胁并持续稳定达标。在这里，最为关键的是地下水资源的保护和严格管理。为加强地下水环境安全的法律保障，应建立环境风险识别、评价、预报、预防、控制、消除的法律制度。

（二）有助于实现环境、经济和社会效益

地下水本身就是重要的生态环境要素，保持合理的地下水位是保持良性生态环境的重要条件。地下水在运移过程中会溶入一些有益于人体的成分、滤去杂质和细菌，达到自然净化，是最好的饮用水源。地下水能够与地表水在空间上互为补充，地下水的流动速度比地表水的流动速度要慢得多，在含水层中停留的时间长，滞留的水量可以相当大，具有较强的时空调节能力。北方地区地表水在夏季集中，易于发生洪流流失和蒸发损失，利用地下水库进行人工调蓄，对于调节丰枯、开源节流、缓解水资源紧缺的意义十分重大。水资源条件的改善又会进一步改善当地气候，容易形成湿地，可稀释污水和净化空气、汇集和储存水分、补偿江湖水量、滋润土壤，有利于形成野生动植物的繁衍生息场所，保护生物多样性。因此，合理开发利用地下水资源是保持良性的生态环境和解决中国水资源短缺问题最关键、最现实的选择。

地下水资源有利于改善整体的水资源条件，有利于区域性的循环，缓解缺水

区的生态环境与水之间的矛盾，增大地表径流量，不仅有助于环境改善，而且可以促进当地经济发展，满足缺水区工农业生产用水和生活用水的需要。我国人口资源环境委员会副主任张基尧说，南水北调工程将带来巨大的社会、经济环境效益。这主要体现在可较大程度地改善北方地区的自然环境特别是水资源条件，并以此来促进潜在生产力形成现实的经济增长，同时有利于缓解水资源短缺对北方城市化发展制约的问题，促进当地城市化进程。这样，有助于实现环境、经济和社会效益的和谐统一。

第二章　地下水资源污染与超采问题

近年来，由于人类活动的不当和环境压力的增加，地下水资源面临着严重的污染和超采问题。地下水资源污染与超采问题不仅威胁到了我们的日常用水，而且对生态环境造成了严重的影响。这些问题的存在需要引起我们的高度关注和重视。本章围绕地下水资源的污染问题和地下水资源的超采问题展开研究。

第一节　地下水资源的污染问题

一、地下水资源污染概述

地下水不仅是水资源的组成部分，还是环境系统的主要因子。随着经济发展、农业和工业的不断推进，全球人口不断增长，人类对地下水资源的开发和利用程度也越来越大。然而，这种过度开发和不合理使用地下水资源的做法产生了一系列负面效应，对地质、生态和环境产生了严重影响。这不仅造成了严重的经济损失，而且影响了人类的生存空间。因此，必须对有限的地下水资源实施保护。

（一）地下水与环境

地下水的储存与分布具有系统性、可调节性和可恢复性，只有认识到地下水资源的这些特点，进行科学评价与规划，才能合理地利用地下水资源，避免地下水资源的开发利用的盲目性。地下水是一个处于动态平衡的渗流场，它与大气水、地表水共同构成水循环系统。

人类的活动对地下水产生的影响主要可以归结为三个方面：过量开采地下水、过量补充地下水和地下水污染。

过量开采地下水会造成地下水水位下降，破坏地下水原有的平衡和水文循环，引发一系列严重的后果。例如，泉水和河水可能会干涸，从而对周围的生态系统和生物多样性造成负面影响；地下水位下降也可能导致许多浅井无法继续提供水源，从而被迫报废。此外，开采地下水的能耗也会随之增加，从而增加对能源的需求。地下水位下降还会引发地面下沉的问题，可能导致地表建筑物和基础设施的损坏。海水也可能开始渗入地下水层，这称为海水入侵，会对地下水的利用和水质造成负面影响。地下水水位下降对生态环境的影响主要表现为沼泽湿地环境恶化，以沼泽湿地为栖息地的动物逐渐消亡；干旱、半干旱地区会出现植物衰退，土地沙化，同时依靠植物为生的动物随之衰减。

过度地补充地下水也会对环境造成影响。具体表现如下：一是地下水位上升，导致孔隙水压力增大，有效应力降低，可能引发斜坡岩土体的不稳定，引发滑坡和崩塌；二是水库蓄水引起地下水位抬升，可诱发地震等环境地质灾害，如我国新丰江水库修建后曾引发 6.1 级地震；三是过度补充地下水会导致地下水位上升，进而引发土壤盐渍化问题。

此外，人为污染对地下水资源的破坏也较为严重。

（二）地下水污染的概念

地下水污染是指地下水受到人类活动的影响，水质变差，以至于不再适合使用。关于地下水污染的概念，目前国内外尚无明确的定义，但是随着地下水污染的不断加剧，明确地下水污染概念对于地下水污染研究是十分必要的。相关英文文献中表示污染一词的有两个词汇，一个是"pollution"，用以描述污染物质浓度超标后的污染情况；另一个是"contamination"，用以说明污染物质浓度虽然增高，但水质尚未明显恶化时的污染情况。国外文献一般对地下水污染的概念也分为两种——污染和沾染（或传染）。其中污染一词是通用术语，包括作为一种污染类型的沾染在内，认为水质在化学物质、热能或细菌影响下恶化到即使对人体健康不经常构成威胁，但对其日常生活、农业和工业利用方面有不利影响的也是污染；而沾染（或传染）则是指水质由于化学物质或细菌污染而变坏，在居民间造成中毒或疾病传播的情况。我国 1984 年制定的《中华人民共和国水污染防治法》中，将"水污染"定义为，"水污染是指水体因某种物质介入，而导致其物理、化学、生物及放射性等方面特征的改变，从而影响水的有效利用，危害人体健康或者破坏生态环境，造成水质恶化的现象"。[①]

东北地质学院（现为吉林大学）博士生导师王秉忱等强调，地下水污染是整个水体污染的一部分，三水（地表水、地下水与大气降水）转化关系密切，应从水资源污染的总体观念出发阐述有关问题。基于此，对水污染所下的定义应是某些污染物质、微生物或热能以各种形式通过各种途径进入水体，使水质恶化，并影响其在国民经济建设与人民生活中的正常利用，危害个人健康、破坏生态平衡、

---

① 李天爽，李改娟，刘艳辉，等. 渔业水域中的悬浮物污染［J］. 黑龙江水产，2014（1）：6-8.

损害优美环境的现象。中国科学院地理科学与资源研究所研究员林年丰等著的《环境水文地质学》一书中，对地下水污染的定义为，凡是在人类活动影响下，地下水水质变化朝着水质恶化方向发展的现象，统称为"地下水污染"①。根据这一定义，我们可以认为，不管此种现象是否使水质恶化到影响使用的程度，只要发生这种现象，就应该被视为污染。至于在天然环境中所产生的某些组分相对富集或贫化而使水质恶化的现象应被视为"天然异常"。因此，判断地下水是否污染必须具备两个条件：一是水质朝着恶化的方向发展；二是这些变化是由人类活动所引起的。

在实际工作中判断地下水是否污染及其污染程度，往往比较复杂，通常需要有一个判断标准，这个标准最好是地区背景值（或本底值）。该值是指该区域在未受或很少受到人类活动影响条件下，环境要素本身（在此仅指地下水）固有的化学成分和含量，它反映在自然发展过程中环境要素的物质组成和特征结构中，表征一个地区环境的原有状态。但现今人类活动的影响遍及全球，未受污染的区域环境难以找到，该值很难获得，因此，地区背景值只是一个相对概念。实践中常用历史水质数据或无明显污染来源的水质对照值来判断地下水是否受到污染。

综上所述，国内外学术界对水污染以及地下水污染的定义存在一些分歧，但主体含义是一致的。地下水污染一方面受人类社会经济活动影响较大；另一方面，它的污染会对生态环境，尤其是生态安全，以及人类生命安全产生严重威胁。因此，加强地下水污染研究的意义重大。

（三）地下水资源污染特点

地下水资源污染的特点是由地下水储存特征决定的。通常情况下，地下水上方都存在着一层被称为包气带的土层，其厚度一般较大，并具有天然的隔离功能。地面上的污染物进入地下水之前，必然会经过这层包气带土层的过滤，从而减少对地下水的污染。此外，地下水储存在多孔介质中，其运动速度较慢。上述特点使得地下水资源污染具有如下特性。

1. 隐蔽性

地下水资源污染具有隐蔽性。由于污染发生在地表以下的孔隙介质之中，常常出现地下水已遭到相当程度的污染，而其仍然表现为无色、无味的现象。对人体健康有害的有毒物质污染地下水后，其影响是一种慢性的长期效应，很难立即察觉。不同于地下水，地表水是否受到污染可以通过水的颜色、气味或周围动植物的死亡情况等现象来判断。

---

① 林年丰，李昌静，钟佐燊，等. 环境水文地质学 [M]. 北京：地质出版社，1990.

2. 难以逆转性

地下水流速缓慢，遭到污染后很难恢复。例如，以地下水作为储存介质的污染物需要花费相当长的时间才能被天然地下径流带走；地下储存孔隙介质对许多污染物具有吸附作用，清除这些污染物非常复杂和困难。若切断污染物来源，靠含水层本身的自然净化，少则需要几十年，多则需要上百年的时间。

3. 延缓性

由于污染物在下渗过程中会不断受到各种阻碍，如截留、吸附和分解等，因而进入地下水的污染物数量通常较少，在垂向上会延缓潜水含水层的污染。承压含水层的上部有隔水顶板，这意味着污染物只能通过孔隙介质的微孔缓慢渗透。换句话说，地下水污染在向周围运移和扩散方面非常缓慢。

二、地下水资源的污染源

地下水的污染源可分为六大类：燃料储存、废物处理、农业活动、工业活动、采矿作业、污染导管和水井。

（一）燃料储存

燃料储存的一种方式是将石油产品储存在地表和地下的储油罐中。地下储油罐是指油罐总存量10%以上部分位于地下的储油系统，尽管储油罐在所有人口居住地都有，但一般在高度开发的市区和近郊最为集中。储油罐首先用于储存石油产品，如汽油、柴油、燃油。储油罐泄漏是地下水污染的一个重要污染源，其首要原因是油罐和管道的错误安装以及燃料对油罐和管道的腐蚀。

石油产品为上千种不同化合物的复杂混合体，在这种混合体中能分离出200多种汽油化合物，在地下水中经常能检测到水溶性较高的化合物，特别是苯、甲苯、乙苯、二甲苯。这4种与石油污染有关的化合物，统称为苯系物。与石油有关的化学品威胁着人类对地下水的利用，其中一些（如苯）在浓度很低时就能致癌。

（二）废物处理

废物处理包括化粪系统、土地应用、垃圾填埋等。任何涉及废物处理和处置的活动，如果不采取保护性措施，都对环境有潜在影响。最有可能影响地下水的污染物包括金属、挥发性有机化合物、半挥发性有机化合物、硝酸盐、放射性核素、病原体等。

现场污水处理的家庭化粪系统或者集中化粪系统采用传统设计、比较设计或试验系统设计建造。传统的单体化粪系统包括一个化粪池（用于滞留生活污水，使其中的固体物沉淀）和一个沥滤场（来自化粪池或配送箱的液状物，能在此渗透到浅层未饱和土壤进行吸附）。当没有下水道系统将生活污水输送到处理厂时，通常使用化粪池。建造不当和维护不善的化粪池系统会导致地下水广泛受到营养污染和微生物污染，在化粪池系统集中的地方附近硝酸盐含量升高，所以，单体化粪池系统和市政污水系统的硝酸盐污染是一个很大的地下水污染问题。城区和工业园区下水道泄漏会导致地下水受多种污染物的污染，加之供水管道的泄漏，会导致很多大城市中心的地下水位上升。

土地应用通常是指将（家庭和动物）污水和水处理厂污泥摊铺到成片土地上。这种做法目前仍存在争议，实施不当会导致水文地质敏感地区大面积的地下水污染。

垃圾填埋场长期用来处置废物，过去垃圾填埋场在选址时，很少有人关注填埋点地下水污染的潜在可能性。垃圾填埋场一般选在没有其他用途的土地上，因此未加衬砌的废弃沙石坑、旧露天矿、沼泽地、污水坑等常常被用作垃圾填埋场。在很多情况下，地下水位处于靠近地表面或者非常接近地表面的地方，地下水被污染的潜在可能性很高。总体而言，建立现代垃圾填埋场必须严格遵守施工标准。

（三）农业活动

农业污染源中对地下水环境影响较大的是再生水农用区。再生水农用区使用再生水灌溉可能会使地下水水质受到影响，灌溉污水中的污染物随水入渗，部分污染物会向下迁移，穿过包气带进入地下水含水层，可能会使浅层地下水受到污染，主要表现为地下水总硬度升高，根据再生水的来源，有时还会产生重金属污染或有机物污染。有污染地下水潜在可能的农业活动包括动物饲养、化肥和农药施用、灌溉等，产生地下水污染的原因包括农药与化肥在处置及储存过程中的各种常规应用、溢出泄漏或不当使用，粪肥储存及施撒和化学品不当储存等。化肥和农药的过量使用或不当使用会将农药、氮、镉、氯、汞、硒等输入地下水中。

例如，杀虫剂进入地下水的主要途径是包气带浸入或排水系统的溢出和直接渗透，尤其当杀虫剂施用不久并出现强降雨时，杀虫剂渗透量一般最大。又比如，灌溉水不断地将化肥中的硝酸盐化合物连同高浓度的氯、钠和其他金属冲刷到浅层含水层中，从而增加了下伏含水层的盐度。不当灌溉会造成地下水位上升到潜水蒸发的临界深度以上，导致溶解矿物质盐沉积在地表及附近积聚，引起土壤大面积盐渍化。

（四）工业活动

工业设施、有害废物产生者、生产和修配车间，都存在着排污的可能。如果存放不当或者出现泄漏或溢出，工厂原材料储存就是一个问题。例如，装化学品的圆桶随意堆放或损坏，干性材料露天遇雨淋等；材料运输和搬运中的安全问题也是大家关注工业污染的原因之一。

最常见的工业污染物有金属、挥发性有机化合物、半挥发性有机化合物、石油化合物等。其中挥发性有机化合物主要与脱脂剂有关，正如美国环境保护署指出的，替代有机溶剂的新技术和新产品的开发仍在继续。例如，来自植物的有机可降解生物溶剂已大规模在干洗行业应用。目前各国正在开发各种保护环境的干洗技术，以替代最常用的四氯乙烯，纽约和一些地方政府正在考虑立法，禁止在干洗行业使用四氯乙烯。

可以肯定，地下埋藏管道输送着各种石油产品和工业液体，随时都有泄漏的危险。然而，这些泄漏检测起来非常困难，有时只有当泉水、水井、地表河流水质突然发生无法解释的变化或者地表植被死亡时，这种泄漏才会被发现。空气污染物（如利用化石燃料的工业活动及发电和汽车排放引起空气中的硫和氮化合物）以干颗粒或者酸雨的形式降落在陆地地面，会渗透到土壤里，最终造成地下水污染。

（五）采矿活动

采矿时进行的多种活动会引起水污染，如将矿井水抽送到地面、废弃材料的浸滤、矿井自然排水、选矿废水排放等。现将几种主要情况简述如下：

将矿井水抽送到地面：在采矿过程中，需要将矿井中的水抽送到地面以保证矿井的正常运行。这些矿井水通常含有高浓度的溶解性金属、酸性物质和有机物等，如果不经过适当处理直接排放到周围环境中，就会对水源产生严重的污染。

废弃材料的浸滤：采矿活动会产生大量的废弃材料，其中常含有有毒的化学物质和重金属。当降雨或地下水流通过这些废弃材料时，毒性物质会溶解进水体中，导致水污染。这种现象通常被称为废弃物的浸滤或浸出。

矿井自然排水排放：地下矿井中的水可能含有较高的溶解物，当这些水自然排放到地表水系统时，会对水源产生潜在的污染风险。这种排放通常称为矿井自然排水。

选矿废水排放：在矿石的分选和提取过程中，常使用水来分离有用矿石和废石。这些产生的处理液中含有大量的化学药剂和固体废物，如果未经过恰当的处理排放到水体中，就会引起严重的水污染。

（六）污染导管和水井

不当废弃、缺乏套管、水井垮塌、水井长滤管和砾石充填层与多个含水层同时相通，造成的水污染问题是非常严重的。这种情况下，溶解成分或不同密度的水（如咸水和浓盐水）的污染物质可以通过这些水井在地下水系统的不同部分之间通过水头差和水密度差的作用而上升或下降。

这种情况下的水井污染问题是非常复杂的，因为水井垮塌、缺乏套管和充填层的不合适可能导致不同含水层之间的交汇，使得不同水源之间的污染物质发生相互作用。例如，如果咸水层与淡水层相通，咸水中的溶解物质就可能会通过垮塌的水井进入淡水层，导致淡水层的污染。同样，当浓盐水层与淡水层相通时，高密度的浓盐水可能通过水井充填层的开裂部位上升到淡水层，从而引起淡水层的污染。

三、地下水资源的污染物

地下水资源的污染物种类繁多，按其性质可分为化学污染物、放射性污染物、生物污染物三类。

（一）化学污染物

化学污染物是地下水污染物的主要组成部分，种类多且分布广，按它们的性质可分为无机污染物和有机污染物两类。

1. 无机污染物

地下水中常见的无机污染物主要包括硝酸盐、亚硝酸盐、氯化物、硫酸盐、氟化物、氰化物及重金属铬、汞、铅、镉、铁、锰和类金属砷等。其中，氯化物、硫酸盐等无机污染物在浓度较低条件下无直接毒害作用（对生物机体没有损害），但当其组分达到一定浓度之后，会对地下水体的可利用价值或对环境甚至对人类健康造成不同程度的影响和危害。亚硝酸盐、氟化物、氰化物及重金属铬、汞、铅、镉、铁、锰和类金属砷则是有直接毒害作用的一类无机污染物。根据毒性发作的情况，此类污染物可分为致癌风险（长期风险）污染物和非致癌风险（急性健康风险）污染物两种。

2. 有机污染物

目前，地下水中已发现多种类型的有机污染物，主要包括芳香烃类、卤代烃类、有机农药类、多环芳烃类与邻苯二甲酸酯类等。人们常根据有机污染物是否易于被微生物分解而将其进一步分为生物易降解有机污染物和生物难降解有机污染物两类。

（1）生物易降解有机污染物

地下水中常见的生物易降解有机污染物包括苯系物、氯代烯烃等，它们在微生物新陈代谢的作用下能转化为稳定的无机物。在有氧条件下，通过好氧微生物的转化作用，通常产生 CO_2 和 H_2O 等。这一分解过程都要消耗氧气，因而称为耗氧有机物。在无氧条件下，这类污染物可通过厌氧微生物作用，最终转化形成 HO、CH、CO_2 等稳定物质。

（2）生物难降解有机污染物

常见的生物难降解有机污染物主要是持久性有机污染物，这类污染物性质均比较稳定，不易被微生物降解，能够在地下水环境中长期存在。一部分能在生物体内积累富集，通过食物链对高营养等级生物造成危害；另一部分饱和蒸汽压大，可长距离迁移至遥远的偏僻地区和极地地区，在相应的环境浓度下可能对接触该类化学物质的生物产生有害效应或有毒效应。持久性有机污染物一般具有较强的毒性，包括致癌、致畸、致突变、神经毒性、生殖毒性、内分泌干扰特性、致免疫功能减退特性等，严重危害生物体的健康与安全。除了持久性有机污染物，环境内分泌干扰物（也称为环境激素）的影响也不容忽视，如烷基酚、双酚A、邻苯二甲酸酯等，其自身或降解中间产物具有难降解和内分泌干扰特性，虽然微量，但长期接触会对人体的健康产生严重的负面影响。

（二）放射性污染物

地下水放射性污染物是指一类可能对地下水资源造成污染的放射性物质。这些物质通常来自不当处理或泄漏的放射性废物，比如核能设施事故、核武器试验等均可产生放射性污染。常见的地下水放射性污染物包括放射性同位素以及其他放射性元素和化合物。地下水放射性污染物具有较长的半衰期，这意味着它们在环境中存在潜在影响的时间较长。这些污染物具有高度的活性，能够释放出高能射线，对生物体和环境造成潜在危害，如细胞损伤、突变、癌症等。

地下水中常见的六种放射性核素的部分物理参数及健康影响数据见表 2-1，除 ^{226}Ra 主要源于天然来源以外，其余都是源于工业或生活污染源排放。表 2-1 中"标准器官"指接受来自放射性核素的最高放射性剂量的人体部位。

表 2-1　某些放射性核素的物理参数及健康数据

放射性核素	半衰期／a	MPC／（pCi／mL）	标准器官	主要放射物
^3H	12.35	3	全身	β 粒子
^{90}Sr	28.60	3	骨骼	β 粒子
^{129}I	1.70×10^7	6	甲状腺	β 粒子、γ 射线
^{137}Cs	30.17	2	全身	β 粒子、γ 射线
^{226}Ra	1.60×10^3	3	骨骼	β 粒子、γ 射线
^{289}Pu	2.41×10^4	5	骨骼	α 粒子

注：MPC（Maximum Permissible Concentration）即最大允许浓度。

（三）生物污染物

地下水中生物污染物可分为细菌、病毒和寄生虫三类，在未经消毒的污水中含有大量细菌和病毒，它们有可能进入含水层污染地下水。地下水受到污染的可能性与细菌和病毒的存活时间、地下水流速、地层结构、pH 等多种因素有关。中国国家标准《地下水质量标准》（GB/T 14848—2017）中规定的微生物指标为总大肠菌群和菌落总数。

地下水中曾发现并引起水媒病传染的致病菌有霍乱菌、伤寒沙门氏菌、志贺氏菌、沙门氏菌等。由于病毒比细菌小得多，存活时间长，比细菌更易进入含水层。在地下水中曾发现的病毒主要有脊髓灰质炎病毒、甲型肝炎病毒、诺如病毒等，且每种病毒有多种类型，对人体健康的危害较大。

四、地下水资源污染带来的问题

地下水污染的危害包括对人体健康和生态环境的危害。对人体健康的危害是指通过经口摄入、皮肤接触或呼吸摄入等途径，地下水中的污染物进入人体，对人体健康产生的危害。地下水污染对生态环境的危害是指污染地下水通过径流、排泄、挥发等途径，影响周边生态系统健康状态或带来地质灾害问题。具体有以下几方面的危害。

（一）危害人体健康

当人饮用受污染的地下水时，可能会引发腹泻、肝炎、胃癌、肝癌等病症。例如，硝酸盐在胃和肠道中可还原为亚硝酸盐，摄取过量的硝酸盐或亚硝酸盐可使人活动迟钝、头晕、昏迷、工作能力减退，长期过量摄取会引发癌症；当婴儿摄入过多的硝酸盐或亚硝酸盐时，会导致蓝婴症。

（二）影响生态环境质量

地下水是水环境系统的重要组成部分，如果受到污染的地下水对地表水体补给，地下水中污染物就会进入河流、湖泊，从而造成地表水体污染。有色金属矿山开采排出的矿坑地下水存在重金属超标的现象，下游农田长期使用重金属超标的地下水灌溉会引起土壤和地下水重金属超标，并且重金属会通过农作物进入食物链。酸性矿坑水污染大部分是因为酸性矿坑水出露进入地表水体，导致依靠地表水体灌溉的农田受到污染。泉水作为地下水的天然露头，具有重要的环境价值和资源价值，污染地下水会使泉水失去资源价值，而资源价值的损失还会造成较大的社会影响和经济损失。

（三）农田生态系统失衡

地下水污染对农田灌溉的影响是十分严重的。农业是国民经济的支柱行业，地下水灌溉农田是常见的农业实践之一。然而，一旦地下水受到污染，农作物就会遭受污染物的侵害，这不仅会导致农产品的质量下降，还可能对人体健康带来风险。

当农作物生长过程中接触到受污染的地下水时，污染物质会进入作物的根部，并随着水和养分的吸收而传输到其他部位。这会导致作物体内积累过多的有毒物质，影响作物的正常生长和发育。同时，这些受污染的农产品也易受到细菌、病毒和真菌等病原微生物的侵害，从而引发食品安全问题。

此外，长期使用受污染的地下水进行灌溉还会对土壤质量产生负面影响。污染物质会通过灌溉水进入土壤，累积在土壤中，进而影响土壤生态系统的平衡。一方面，污染物质会破坏土壤中的有机质和微生物群落，降低土壤肥力和水分保持能力。另一方面，污染物质的累积还会导致土壤的酸碱度、盐度和重金属含量超标，进而导致土壤退化和土地资源的丧失。

农田生态系统也会因为地下水污染而失衡。农田生态系统是一个复杂的生物群落系统，其中包括了植物、昆虫、鸟类等多种生物。地下水污染不仅会直接影响农田植物的生长，还会对其他生物的生存和繁衍产生影响。某些污染物还会直接毒害土壤中的微生物和昆虫群体，破坏农田生物多样性和食物链的平衡。

因此，为了保障农产品的质量和人类的健康，需要加强地下水保护和污染防治工作，提高农业灌溉水的质量，并改善土壤质量和保护农田生态系统，使农业可持续发展。同时，农民也需要加强环保意识，选用更加环保的灌溉水源，采取科学的农业耕作措施，共同为农田灌溉和农产品安全保驾护航。

（四）地质灾害问题

地下水污染物中的一些化学物质可能会溶解岩石或土壤，导致地下洞穴的形成，这些地下洞穴的形成会削弱地下土壤的承载力，增加地质灾害的风险。这些地质灾害不仅会威胁人们的生命安全，还可能造成巨大的物质损失和环境破坏。

另外，有些污染物质能够破坏土壤的结构，减少土壤孔隙的稳定性，进而导致土壤的沉降和破坏。这种土壤的沉降和破坏会使地表产生变形，甚至引发地质灾害，如地面塌陷和岩层滑动。

地下水污染带来的地质灾害风险还表现在污染物的移动和扩散上。一旦地下水受到污染，污染物质就有可能随着地下水的流动扩散到新的区域，进一步影响岩石和土壤的稳定性。这会导致地质灾害的范围扩大，增加地表和地下设施的受损风险。

因此，为了减少地下水污染对地质灾害的影响，需要全面加强地下水保护和污染防治，限制污染物的排放。同时，需要加强地质灾害的监测和预警，及时采取措施减轻灾害的影响。只有全面保护地下水资源和预防地质灾害的发生，才能保障人的生命安全和地下水资源的可持续发展。

第二节　地下水资源的超采问题

一、地下水资源超采的概念

地下水超采是一个广义的概念，主要是指进行地下水资源开采导致地下水采补失衡，并且可能造成地下水水位下降或引发环境问题的行为总称。地下水超采的定义主要涵盖了以下几个方面：地下水开采量超过可开采量、地下水水位持续下降以及由地下水开采行为引发的环境地质灾害或生态环境恶化。事实上，判断地下水超采程度，应主要关注地下水实际开采量是否超过可开采量，而地下水水位下降和环境问题则被视为地下水超采行为的严重后果。

二、造成地下水资源超采的原因

第一，人类活动对地下水的过度利用是导致地下水资源超采的主要原因之一。地下水过度开采已经成为当下最严峻的问题之一，并且随着地下水资源使用量的增多，地下水水位下降速度持续加快，导致大量植被缺水而亡，土地沙漠化日益严重，还引发了其他严重的自然灾害[1]。随着人口增长和经济发展，人类对地下水的需求不断增加。农业灌溉是地下水最大的使用者之一，特别是在干旱地区或水资源匮乏的地方，农民依赖地下水来满足他们的农田灌溉需求。此外，工业和城市也对地下水资源有很大的需求。然而，由于缺乏合理规划、管理和监测，地下水资源的开采量超过了其再生能力和可持续供应的范围。主要有以下情况：一方面，农民或工业企业为了获得更多的地下水，倾向于将水泵设置得更深，并采用大功率的水泵，以增加抽水量，这种过度抽取地下水的行为导致地下水水位下降，出现地下水资源超采的情况。另一方面，地下水资源的使用缺乏合理规划和管理。一些地区没有对地下水开采进行严格监管和控制，缺乏科学的管理规划和资源评估；有些地方甚至没有建立地下水抽取许可制度，导致无序开采和滥用地下水资源。此外，一些地区的地下水管理机构缺乏专业人员和资源，无法有效管理地下水资源的开采。

---

[1] 李瑾. 地下水污染现状及防治措施［J］. 能源与节能, 2018（6）: 92-93.

第二，忽视地下水循环是导致地下水资源过度开采的另一个重要原因。地下水循环是一个复杂而精密的过程，它包括多个环节和相互作用，其中最重要的是地下水与地表水之间的交互作用。人们对地下水循环的不了解或忽视往往导致地下水的过度开采，从而破坏了地下水系统的平衡和可持续利用。地下水循环包括以下几个环节。

①降雨入渗是地下水循环的重要环节之一。降雨水通过地表径流和渗透进入地下层，并逐渐补给地下水系统。这种降雨入渗的过程不仅可以为地下水提供水源，还可以帮助地下水水位保持稳定，维持地下水库的容量。然而，当人们过度开采地下水时，地下水水位下降，降雨水的入渗减少甚至停止。这导致了地下水补给不足，引起地下水资源的枯竭和不可持续利用。

②地下水流动是地下水循环的另一个重要环节。地下水通过地下岩石或土壤中的孔隙和裂缝相互流动，形成地下水流域和水文系统。地下水流动起到了平衡地下水供需的重要作用，维持了地下水的稳定。然而，当人们过度抽取地下水时，地下水流动速度加快，地下水泉眼逐渐枯竭或变得不稳定。这不仅直接影响了地下水资源的供应，还可能破坏地下水河流、湖泊和湿地等生态系统。

③地下水与地表水之间的交互作用也是地下水循环的重要环节。地下水和地表水之间存在着密切的联系和相互作用，如河流和湖泊是地下水和地表水之间的重要交换界面。通过地下水与地表水的交互作用，地下水可以充当水体的补给源或水库，起到调节和供应水资源的作用。然而，当人们过度开采地下水时，地下水水位下降，破坏了地下水与地表水之间的平衡，导致了地表水资源的枯竭和生态系统的破坏。

第三，气候变化是当今世界面临的一个重大挑战，它不仅对地球环境和生态系统造成了深远影响，还对地下水资源产生了显著的影响。随着气候变化的加剧，降雨量减少、水资源不均匀分布和蒸发增加等现象的出现直接影响到了地表水资源，进而导致了对地下水的过度依赖和超采。气候变化对地下水资源的影响具体体现在以下两个方面。

①气候变化导致降雨量减少和水资源不均匀分布在许多地区已经成为现实。降雨量的减少意味着地表水的减少，特别是在干旱和半干旱地区，由于地表水供应不足，人们往往被迫过度依赖地下水来满足用水需求。然而，地下水资源是有限的，并且需要时间来重新补充，过度开采会导致地下水水位下降和供应不足的进一步加剧。

②气候变化还会导致蒸发增加，这意味着更多的水分从地表蒸发进入大气中，而不会被收集到地表水系统中。蒸发的增加会使地表水的蒸发损失增加，地表水的有效利用减少。这将迫使人们更加依赖地下水，将其作为主要的水资源补给来

源。然而，长期过度依赖地下水可能会导致地下水库容不足和地下水质量的下降，对水资源可持续利用构成威胁。

三、判断地下水资源超采的方法

（一）根据地下水动态观测资料判断

一定时期内，如果时段末地下水埋深超过时段初平均埋深，就表明地下水发生超采。时段初和时段末地下水储存量的差值即地下水的超采量。

（二）利用地下水可开采量和开采系数判别

1. 地下水可开采量

将地下水补给量乘以可开采系数可以求得地下水可开采量。半干旱、半湿润地区地下水的补给一方面来自降雨入渗，另一方面来自河道、水库、湖泊、渠道的渗漏和田间灌溉水的入渗，因而这些地区的地下水的可开采系数较高（有时可达 0.7 ～ 0.9）。干旱地区降水稀少，地下水大部分来自地表水的转化，且有相当一部分消耗于农田和天然植被的蒸腾，该地区地下水的可开采系数远小于半干旱、半湿润地区。地下水可开采量随地表水的开发利用情况而变化。由于地下水可开采系数是一个经验系数，若西北地区借用华北地区的可开采系数估算地下水开采量，将显著偏高。

2. 地下水开采系数

地下水开采系数是地下水的实际开采量与地下水可开采量的比值。多年平均地下水开采系数大于 1，并造成地下水位持续下降，即表明地下水超采。由于一些地区估算的地下水可开采量往往偏高，导致地下水开采系数过低，因而不能及时发现地下水的超采，也不能及时采取防止超采的有效措施。只有在地区地下水可开采量比较可靠的情况下采用这种方法才能确切地判别地下水是否超采。

（三）利用水资源开发利用率、耗用率和地下水开采量与地表水供水量比判断

1. 水资源开发利用率

灌区水资源总量是指扣除地表水资源量与地下水补给之间重复量之后的地表水资源量和地下水补给量的总和。灌区地表水和地下水供水量的总和与水资源总量的比值即为水资源的开发利用率。进入灌区的地表水和地下水并非全部被消耗，其中一部分将作为地表退水重新回到灌溉渠或进入排水系统，泻入河流或

湖泊；还有一部分将通过深层渗漏补给地下水，被重复利用于灌溉和其他用水部门。

2. 水资源的耗用率

灌区各行业地表水和地下水耗（用）水量的总和（各用水部门耗水，不包括生态耗水）与水资源总量的比值即为社会经济对水资源的耗用率，它反映灌区社会经济对水资源消耗利用的程度。如果水资源耗用率大于1，说明社会经济用水不仅已将水资源耗尽，而且正在挪用生态用水和动用地下储存用水。

3. 地下水开采量与地表水供水量比

在已知地下水补给量的情况下，用其乘以地下水开采系数就可以确定地下水开采量，但地下水补给量的确定比较复杂。西北干旱地区降雨稀少，地下水的补给主要来自地表水灌溉入渗，地下水的补给量主要取决于地表水供水量。半干旱、半湿润地区虽有一定的降雨补给，但灌溉的地表水仍是地下水补给的重要来源。因此，可以将灌区内地下水与地表水供水量的比值近似地作为反映地下水是否超采的参考指标。

我国北方地区，降雨量、土地利用条件和水文地质条件有很大差异，特别是降雨量和土地利用条件差别很大，各地地下水补给排泄条件也有很大差异，因此，各地适宜的地下水开采量与地表水供水量的比例也应是不同的。例如，半干旱、半湿润地区的泾惠渠灌区和人民胜利渠灌区，在平均降雨量500～600毫米的情况下，地下水开采量与地表水供水量比在0.40～0.60可能是比较适当的。西北干旱地区生态环境脆弱，降雨稀少，蒸发强烈。在缺乏人工灌溉的条件下，天然植被主要靠地下水对根层的补给而存活。灌区地下水开采量与地表水供水量之比除满足耕地的水资源供需平衡外，还必须满足天然植被生态需水的要求，因此应小于半干旱、半湿润地区。新疆天山北坡降雨量在150～200毫米以下的地区，在缺乏侧向地下水补给，且采取一定的渠道防渗等节水措施的条件下，灌区内井灌与渠灌用水量比估计在0.20～0.25。北疆的伊犁河、额尔齐斯河灌区降雨在250～450毫米，地下水开采量与地表水供水量的适宜比值估计在0.25～0.30。新疆的东疆和南疆，降水量在20～50毫米以下的灌区内部地下水开采量与地表水供水量比估计在0.10～0.15。

四、地下水资源超采带来的问题

（一）地下水补给平衡受到破坏

西亚和南亚地区的地下水补给失衡问题较为突出。例如，也门的地下水超采所产生的问题已严重影响到人们的日常生活，在高平原区，地下水的开采量已超过补给量的 400%，可能是目前世界上全国范围内地下水开采量超过补给量的唯一一个国家。墨西哥的含水层几乎全部处于强过量开采状态，研究表明，某灌区内 10 个含水层的地下水水位平均下降速度达 1.79～3.30 米／年。近年来，西亚、西北亚次大陆和巴基斯坦灌溉井的数量每年增加 100 万眼，在大面积范围内，地下水的开采量已超过其年补给量，且这一面积还在逐年增加。在印度南部的基岩山区，单井出水量在减少，随着井深的加大，地下水的开发费用也在增加。由于地下水的开采，含水层的疏干，印度农业收成的 1/4 受到严重威胁，已影响到该地区居民对水资源的需求，限制了地区的经济发展。

印度的岛屿和西部地区，包括旁遮普邦、哈里亚纳邦和印度的粮食基地，面临着严重地下水超采问题，该地区的地下水水位已下降到人力提水设备提不到水的深度。在北古吉拉特邦，30 年前水井的水位埋深仅 10～15 米，但是现在的机井深度已达到 400～450 米。

（二）地面沉降

地下水超采带来的另一个环境问题是地面沉降。在非固结的沉积含水层超采地下水会引起地面下沉，一旦下沉就不会再回复到它原来的标准高度。由于超采地下水，日本在 20 世纪初开始出现地面下沉，造成的建筑物毁坏以及洪水和潮水灾害引起了当时公众的广泛关注。第二次世界大战对日本工业的破坏减少了地下水的开采，地面下沉也因此而一度停止。

（三）海水入侵

沿海地区含水层疏干的严重后果之一是海水入侵。孟加拉国沿海地区为了灌溉而大量开采地下水，使得含水层发生海水入侵。在印度西部古吉拉特邦的撒拉萨特海岸，私营农场在 20 世纪 60～70 年代之间连续过量开采地下水，虽然该地区早期产生了空前的繁荣，然而海水快速入侵了沿海地区的含水层，在 10 年内入侵陆地的距离从 1 千米增加到了 7 千米，结果使该地区不可能持续繁荣的"机井经济"快速崩溃。韩国济州岛由于工业开采地下水，也发生了海水入侵。

（四）土壤盐渍化

地下水超采导致水位下降，从而引发一系列地下水问题，其中之一就是土壤盐渍化。地下水超采使得含盐地下水更易上升到根系带，造成土壤中的盐分逐渐积累。当地下水中的盐分浓度超过土壤可以承受的极限时，就会导致土壤盐渍化。土壤盐渍化严重影响了土壤的肥力和植物的生长，甚至使土壤失去可利用的农业生产价值。

　　土壤盐渍化不仅直接降低了土壤肥力，还破坏了土壤结构和土壤水分保持能力。此外，由于盐分对作物的毒害作用，其产量和质量都大幅下降。土壤盐渍化不仅给农业生产带来了严重影响，还给生态环境带来了负面影响，其恢复困难重重，需要长期的治理和改造。

（五）生态环境恶化

　　地下水资源超采导致地下水水位下降和水量减少，这种现象又导致了生态环境的恶化。地下水水位下降会导致地下水与地表水之间的互动受到影响。地下水水位下降后，地表水无法得到足够的补给，导致湖泊、河流和湿地的水量减少，甚至干涸或退缩。这将破坏湿地生态系统，影响水生生物的栖息和繁衍。此外，地下水资源超采还会引发地质灾害，如地面下陷和土壤沙化。地下水扮演着保持土壤结构和稳定地层的重要角色，当地下水水位下降后，土壤中的结构被破坏，地层失去支撑，就会引发地面下陷和土壤沙化现象。这些灾害会影响土地的可持续利用，并对人类和生态环境造成巨大的影响。

第三章 地下水资源管理的基本要素

地下水资源管理是指对地下水资源的合理开发和利用，确保其在经济、社会和环境方面的可持续利用。地下水资源管理的基本要素是指在管理地下水资源时所需具备的关键要素，本章将从地下水资源管理顶层设计、地下水资源行政管理、地下水资源法律管理和地下水资源监督管理四个方面探讨地下水资源管理的基本要素。

第一节 地下水资源管理顶层设计

一、地下水资源管理顶层设计概述

在 21 世纪的今天，地下水资源管理已经成为全球共同关注的焦点问题。地下水资源作为地球上重要的自然资源之一，其合理开发和有效保护对于一个国家的可持续发展具有重要意义。地下水资源管理顶层设计则是实现这一目标的基本要素之一。

地下水资源管理顶层设计是指从全局角度出发，针对地下水资源开发、利用、保护等各个方面，制定的一项系统化、科学化的管理策略。地下水资源管理顶层设计的核心目的是在满足人类社会经济发展需求的同时，保护地下水资源，防止地面沉降、地质灾害等问题的发生，实现地下水资源的可持续利用。

地下水资源管理顶层设计是从全局的角度出发，对地下水资源的开发、利用、保护和管理进行统筹规划和安排。具体包括以下内容。

①总体架构：明确地下水资源管理的目标、原则、范围和重点，建立完善的地下水资源管理体系，制定相应的政策和法规。

②协调机制：建立健全协调机制，统筹兼顾各方利益，加强部门之间的沟通与合作，实现地下水资源的合理配置和有效利用。

③评估考核：建立科学的评估考核体系，对地下水资源管理效果进行全面评

估和考核，及时发现问题并进行整改，确保管理目标的实现。

地下水资源管理顶层设计的重要性主要体现在以下几个方面。首先，它有利于提高地下水资源的开发利用水平，促进水资源的合理配置，满足不同区域、不同行业的用水需求。其次，地下水资源管理顶层设计有助于提高水资源的利用率，减少水资源的浪费，降低用水成本，进一步提高国家的水安全保障水平。最后，通过地下水资源管理顶层设计，我们能够更好地协调人与自然之间的关系，维护生态平衡，保障人民群众的健康和生命安全。

尽管地下水资源管理顶层设计具有诸多优势，但在实际应用过程中仍存在一些问题和不足之处。例如，一些地区对地下水资源管理的重视程度不够，缺乏统一的管理标准和规范；同时，在政策执行过程中，有时会存在不严格、不公正的现象，影响管理效果。此外，由于地下水资源管理顶层设计是一项具有系统性、复杂性的工程，需要多学科知识的支持和协作，因此对管理人员和技术人员的素质和能力提出了更高的要求。

地下水资源管理顶层设计应该从全局角度出发，制定科学、合理的地下水资源管理策略，同时加大政策执行和监管力度，提高管理和技术人员的素质和能力水平，以进一步推动地下水资源的合理开发和有效保护。未来，还需要不断深入研究和探索，不断完善地下水资源管理顶层设计的理论和方法体系，以更好地服务于人类社会的可持续发展。

二、地下水资源管理顶层设计的原则

在地下水资源管理顶层设计的过程中，需要遵循以下原则。

（一）全面规划原则

全面规划原则是指对地下水资源的开发、利用和保护进行全面规划，合理安排各类用水，优化水资源配置。全面规划是一种系统性的管理方法，它强调对地下水资源进行综合、协调的管理和开发。全面规划将综合考虑当地的水资源条件、水资源需求和水资源保护要求，以实现地下水资源的合理配置和高效利用。

全面规划在地下水资源管理中的意义主要体现在以下几个方面。首先，全面规划有助于防止地下水资源的浪费。通过对用水需求和供水条件的综合分析，合理安排水资源开发规模和利用方式，以最大程度地减少浪费。其次，全面规划有助于提高地下水资源的利用效率。通过对地下水资源的优化配置，实现水资源的合理利用和高效节约。

在进行地下水资源管理顶层设计时，需要明确具体目标和实现这些目标的原则。首先，要树立以保护为先的管理理念，坚持可持续利用的原则。其次，要遵循科学规划、合理布局的原则，确保地下水资源管理符合当地的实际需求。最后，要注重机制创新，建立健全制度体系和管理机构，以确保全面规划的有效实施。

在地下水资源管理顶层设计的主体内容方面，需要从政策法规、制度体系、管理机构等方面进行完善。首先，要制定完善的政策法规，明确地下水资源的管理职责和权限，为管理提供法律保障。其次，要建立健全的制度体系，包括取水许可制度、水资源有偿使用制度等，以规范地下水资源的开发利用行为。最后，要设立专门的管理机构，负责地下水资源的日常管理和监督，确保管理工作的有效实施。

全面规划在地下水资源管理顶层设计中起到核心指导作用。全面规划将引领管理策略的方向，指导管理机构有计划、有目标地开展管理工作。同时，全面规划通过统筹考虑各类因素，为地下水资源配置提供科学依据，实现水资源的合理布局和高效利用。

总之，地下水资源管理顶层设计需要全面规划。为实现地下水资源管理顶层设计，相关机构应加强全面规划的实施与管理，保障地下水资源的可持续利用，为社会的可持续发展做出贡献。

（二）协调发展原则

在地下水资源管理的顶层设计中，协调发展是至关重要的。协调发展是指地下水资源管理需要与经济社会发展、生态环境保护等相协调，以实现可持续发展的目标。具体来说，地下水资源管理顶层设计的协调发展应包括以下几个方面。

一是区域协调。由于不同地区的地下水资源分布和特点存在差异，因此需要针对不同区域的实际情况制定相应的管理措施，以实现区域间的协调发展。同时，地下水资源管理还需要与区域发展规划相衔接，综合考虑区域内的水资源承载能力等因素，促进区域协调发展。

二是城乡协调。在城市化进程中，城市用水量不断增加，因此需要重视对城市地下水资源的保护和管理；应制定相应的政策和规划，加强城市地下水资源的监测和保护，确保城市用水的可持续性。同时，还需要加强农村地下水资源的管理，推动城乡协调发展。

三是系统协调。地下水资源管理需要与地表水资源管理相协调，以实现水资源的合理配置和利用。同时还需要注重水资源的保护、恢复和更新，保持水资源的可持续利用。此外，还需要协调好跨流域、跨地区的水资源管理，以确保整个系统的协调发展。

总之，地下水资源管理的顶层设计需要注重协调发展的重要性。通过区域协调、城乡协调和系统协调等方面的考虑，实现地下水资源的可持续利用，促进经济社会的可持续发展。在此过程中，政策法规、市场调节和科学技术支持等措施的实施是实现协调发展的关键。只有将这些方面有机结合起来，才能推动地下水资源管理的不断完善和优化，为构建美丽的生态环境做出积极贡献。

（三）可持续利用原则

可持续利用原则是指在满足当前需求的同时，不损害未来世代对地下水资源的使用，实现可持续利用。由于地下水资源具有不可替代性和有限性，因此需要制定可持续利用的顶层设计来保障其合理开发和有效利用。首先，可持续利用的顶层设计可以促进地下水资源的节约和保护，避免过度开采和污染，从而保障地下水资源的可持续供给。其次，可持续利用的顶层设计可以协调各方利益，解决地下水资源开发利用中的矛盾和问题，从而实现地下水资源的优化配置。最后，可持续利用的顶层设计可以推动地下水资源管理的科技创新，提高管理水平和效率，为地下水资源的可持续利用提供有力支撑。

（四）公众参与原则

公众参与原则是指加强公众宣传和教育，提高公众对地下水资源保护的认识和意识。首先，公众参与能够提高地下水资源管理的透明度和公正性。在顶层设计过程中，广泛征求公众意见和建议能够确保管理政策和规划的公正性，避免利益集团操纵管理政策和垄断资源。其次，公众参与能够提高地下水资源管理的科学性和有效性。公众作为水资源使用者和管理对象，与地下水资源管理有着直接的利益关系，他们能够提供宝贵的专业知识和实践经验，为顶层设计提供科学有效的经验。

因此，公众参与地下水资源管理顶层设计具有重要意义。只有在这个过程中充分引入公众参与，才能确保地下水资源管理的科学性和有效性，实现地下水资源的可持续利用和保护。

（五）系统优化原则

系统优化原则要求地下水资源管理顶层设计从整体上考虑地下水资源的开发、利用、保护和治理。这包括对地下水资源的评价、规划、开发、使用、保护等多个方面，确保各个方面的协调和相互支撑。同时，要考虑到区域间的水资源平衡和环境影响，制定出科学合理的管理措施。地下水资源管理顶层设计系统优化原则的必要性主要体现在以下几个方面。

①缓解水资源短缺压力：地下水资源具有有限性和不可替代性，一旦过度开采，就会导致水资源枯竭、地面沉降等问题。因此，通过对地下水资源管理顶层设计的系统优化，可以更加合理地配置和利用地下水资源，缓解水资源短缺的压力。

②生态环境保护：地下水资源与生态环境密切相关。不合理的开发利用会导致地质灾害、土壤盐渍化等问题。通过对地下水资源管理顶层设计的系统优化，可以更好地保护生态环境、维护生态平衡。

③经济社会发展：地下水资源对经济社会发展具有重要支撑作用。在农业、工业、城市供水等方面，地下水资源都发挥着不可替代的作用。通过对地下水资源管理顶层设计的系统优化，可以更好地满足经济社会发展的需求。

（六）公平公正原则

公平公正是地下水资源管理顶层设计的重要原则。所谓的公平是指给予所有人平等的机会和待遇，而公正则是指按照一定的标准和原则进行分配，确保资源的合理利用。在地下水资源管理中，公平公正意味着每个人都应该有平等的机会获得地下水资源，并且在资源利用中应遵循一定的标准，避免资源的过度开采和浪费。

在地下水资源管理顶层设计中，可能会遇到一些涉及公平公正的问题。首先，在评估水资源的质和量时，需要避免人为因素和利益冲突，确保评估结果的客观和公正。其次，在制定地下水资源发展规划时，应该充分考虑各地区的实际需求和情况，避免资源分配不均和不合理开发。

为了解决上述问题，需要考虑以下因素。首先，应保护弱势群体的权益，确保他们也能平等获得地下水资源。其次，应保证公平交易，避免利益输送和权力寻租。最后，应该建立公开透明的监管机制，加强社会监督，防止不公平和不合理的情况发生。

解决公平公正问题的具体方法包括建立科学的评估体系，制定合理的开发利用规划，并加大监管力度。首先，应建立独立的评估机构，制定严格的标准和流程，确保评估结果的客观和公正。其次，在制定地下水资源发展规划时，应广泛征求各方意见，增强规划的科学性和民主性。最后，应加大监管力度，对违法行为进行严厉打击，确保资源的合理开发和利用。

总之，公平公正是地下水资源管理顶层设计的重要原则，是保证资源合理分配和可持续利用的关键。在实践中，需要充分认识到公平公正的重要性，采取科学合理的措施解决可能出现的问题，加强社会监督，确保地下水资源的合理开发和利用。只有这样，才能实现地下水资源的可持续利用，满足人们的需求，同时维护生态系统的平衡。

（七）高效利用原则

高效利用原则要求地下水资源管理顶层设计在保证资源可持续利用的前提下，采取科学合理的管理措施和技术手段，提高地下水资源的利用效率。例如，应该推广先进的节水技术和设施，提高地下水资源的利用效率，减少浪费和污染，实现地下水资源的有效保护和高效利用。

三、地下水资源管理顶层设计的方案

①战略规划：制定地下水资源保护和利用的战略规划，明确不同地区的水资源开发利用目标和需要采取的措施。

②政策法规：完善地下水资源保护的法律法规，加大执法力度，严惩违法行为。

③监测评估：建立地下水资源监测网络，及时掌握地下水资源的动态变化，为决策提供科学依据。

④水资源管理机构：成立专门的地下水资源管理机构，负责协调和监管各地地下水资源的管理和利用。

⑤技术支持：推广先进的地下水资源勘探、开采、利用技术，提高水资源的利用效率。

⑥加强立法：制定和完善地下水资源相关法律法规，明确管理职责和权限，规范取水行为。

⑦统筹规划：开展全国性和区域性的地下水资源专项规划，明确开发利用目标和措施，优化资源配置。

⑧总量控制：制订地下水资源开采总量控制方案，严格控制开采量，避免过度开采和污染。

⑨强化监管：建立健全地下水资源监管体系，严格把控取水许可审批和加强取水计量监测，确保水资源合理利用。

⑩生态修复：开展地下水污染治理和生态修复工作，减少对生态环境的影响。

⑪宣传教育：加强公众宣传和教育，提高公众对地下水资源保护的认识水平。

⑫国际合作：加强与国际社会的交流与合作，引进国外先进技术和管理经验，全球共同保护地下水资源。

四、地下水资源管理顶层设计的实施

（一）实施因素

在实施地下水资源管理顶层设计的过程中，需要考虑以下因素。

一是技术因素。加强技术研发和应用，提高地下水资源勘探、开采、利用和保护水平。

二是经济因素。合理制定水价和水资源税费标准，促进节约用水和水资源保护。

三是社会因素。加强公众参与和社会监督，促进社会各界共同参与地下水资源的保护和管理。

四是制度因素。建立健全法律法规和政策体系，为地下水资源管理提供有力保障。

（二）实施主体

为确保地下水资源管理顶层设计的有效实施，需要政府、企业和公众的共同参与。

1. 政府

政府应加大对地下水资源保护的投入力度，制定优惠政策鼓励企业进行节水技术和循环利用技术的研发和应用。同时，政府应加强监管，确保水资源得到合理开发和有效保护。

2. 企业

企业应严格遵守地下水资源保护的相关法律法规，积极配合政府开展水资源保护工作。企业应采取节水措施，减少水资源消耗，提高水资源的重复利用率。

3. 公众

公众应增强水资源保护意识，养成良好的用水习惯；应积极参与水资源保护活动，监督政府和企业对地下水资源进行保护和管理。

随着科技的不断进步和社会的发展，未来地下水资源管理顶层设计将面临更多的挑战和机遇。一方面，随着环境科学、地球物理学、水文学等领域的发展，人类能够更加深入地了解地下水资源的形成、分布和变化规律，这能为地下水资源的管理和保护提供更加科学的依据。另一方面，随着全球气候变化和人类活动的加剧，人类对地下水资源的需求和地下水资源面对的环境压力将不断增加，因此，需要采取更加有效的措施保护和利用好地下水资源。

第二节　地下水资源行政管理

一、地下水资源行政管理的概念

地下水资源行政管理是指为了合理开发利用和有效保护地下水资源，充分发挥地下水资源的综合效益，由国家行政机关依法对全国的治水工作和地下水资源开发、利用、保护事业进行组织、领导；对全社会的水事活动实施监督管理；对各类水事进行协调。简而言之，地下水资源行政管理就是政府对水事活动实施的行政管理。它的基本内涵有以下四点。

①地下水资源行政管理的宗旨体现了国家和人民的根本利益以及社会主义现代化建设的客观需要。

②地下水资源行政管理的主体是各级人民政府及其水行政主管部门。

③地下水资源行政管理的对象是全社会的水事活动。

④水资源属国家所有，水行政主管部门作为国有水资源的产权代表，不仅行使一般的行政管理职权，还需进行所有权管理。

我国大多数省、市、县（区）建有水资源管理委员会，下设水资源管理办公室，具体实行对当地地表水和地下水资源的行政管理。水资源管理办公室一般设在当地的水利厅（局）内。具体工作为建章立制、依法管水、开源管理、计划用水、节约用水、水源保护、水位和水质监测、进行规划和协调科学研究、水资源费的征收和管理等方面。

从学术上讲，地下水资源行政管理应当按地下水盆地（或流域）进行，但是因为我国的行政系统按省、市，县建制，为和行政系统一致便于管理，水资源管理办公室也按省、市、县三级建立。我国有些水资源管理办公室运作得很好，取得了很好的效果。

二、地下水资源行政管理的重要性

当谈论地球资源时，地下水资源无疑是一个至关重要的组成部分。由于地下水资源的不可替代性，地下水资源行政管理也显得愈发重要。

地球的地下水资源是有限的，其重要性不容忽视。作为人类生存的基本需求之一，地下水资源在生活和生产活动中起着举足轻重的作用。然而，由于地下水资源的隐蔽性和稀缺性，其管理难度也相对较大。因此，地下水资源行政管理成了一项至关重要的任务。

地下水资源行政管理在确保资源的可持续利用和保护方面起着关键作用。通过合理的规划和管理，地下水资源行政管理能够减少水资源浪费、防止水资源污染、保护生态环境，并为经济社会发展提供稳定的基础。此外，地下水资源行政管理还能协调各方利益，解决地下水资源开发利用过程中可能出现的矛盾和冲突，确保水资源的公平分配和社会稳定。

尽管地下水资源行政管理至关重要，但我们在实践中面临着诸多挑战。首先，监管难度较大。由于地下水资源的隐蔽性，监管部门难以对其进行实时监控和全面评估。其次，许可制度不完善。在很多地区，地下水资源开发利用的许可审批流程不规范，导致一些不具资质的企业或个人得以开发利用地下水资源。最后，评估体系缺失。缺乏对地下水资源开发利用的全面评估，使得我们无法准确判断资源利用的合理性和可持续性。

总之，地下水资源行政管理在现代社会中具有不可替代的重要性。为了确保地球有限资源的可持续利用和保护，我们必须加大对地下水资源行政管理的关注力度，积极应对挑战，采取切实可行的措施，为子孙后代创造一个水资源充足、生态环境良好的宜居地球。

三、地下水资源行政管理的基本特性

地下水资源行政管理与其他专门行政管理一样，都具有一般行政的共同属性。同时，地下水资源行政管理又有其自身的特殊性。地下水资源行政管理的特性主要表现在以下七个方面。

①地下水资源是循环再生的动态资源，从总体上看是相对稳定的，但从具体的时空来看，又是极不稳定的，具有强烈的周期波动性和随机性。同时水是流动的，静如平镜、动如猛虎，人类对它最难驾驭。因此，地下水资源行政管理工作只有在大量的、全面的、扎实的和长期的水文测验工作的基础上，进行复杂的水文计算、水资源评价，才能大体上掌握客观的水文规律。地下水资源的这个特点要求地下水资源行政管理工作必须建立在大量、全面、扎实、长期的基础工作之上。

②防治水害和开发水利离不开水利工程。水利工程与其他建筑工程相比，具有特殊的复杂性，它要解决的问题众多，如水文问题、泥沙问题、地质问题、生态环境问题等，因此地下水资源行政管理中的决策都是相当困难的。

③水资源与土地、森林、草原、矿产等自然资源相比，有一个显著特点，那就是它既是可以开发利用的自然资源，又是洪水灾害的灾害源，也就是存在有利与有害的双重性。洪水是威胁国民经济全局和人民生命财产安全的心腹之患，因此地下水资源行政管理在任何时候都不能不把防洪减灾放在首位，任何时候都要在服从防洪总体安排的前提下进行各项兴利事业。兴利和除害的恰当处理是相当不易的，这也是地下水资源行政管理复杂的原因之一。

④水是以流域（水系）为自然单元的，上下游、干支流、左右岸地区之间密切联系，形成水利利益统一体；水又具有多功能的特点，与水有关的防洪、灌溉、供水、水运、水产、水环境保护等各项事业之间存在相互依存的关系。

水资源系统的流域性与行政体制的区域性之间的矛盾决定了地下水资源管理体制必须实行流域管理与区域管理相结合的制度和统一管理与分级负责相结合的制度。水资源的统一性和多功能性的矛盾决定了地下水资源管理必须实行统一管理与各项开发利用事业与部门管理相结合的制度。这种地下水资源系统的复杂性，大大增加了地下水资源行政管理工作的难度。

⑤重要的水事关系一般会涉及有关地区或者有关行业的利益，小的涉及乡、村，大的涉及省、市。因此地下水资源行政管理的对象往往不是一般社会法人或者公民，而是一级人民政府。

⑥水权与其他物权相比，其他物权一般具有排他性。例如，如果一个煤矿归某个矿务局开发，他人就没有开发权，而水作为一种流动的自然资源，由于具有多功能、多用途和重复利用性，在权属问题上常常不强调排他性，而强调公共性、公益性。因此地下水资源的开发利用排斥垄断，强调水利共享、水害共当。这就使地下水资源行政管理工作在协调社会利害关系方面十分艰巨复杂。

⑦水不仅是宝贵的自然资源和危害很大的灾害源，还是生态系统中最活跃、最具决定意义的要素。有了水，沙漠可以变成良田，荒山可以披上绿装；没有水就没有绿色，就没有生命。当代社会，水的问题与环境问题紧密相连，水法规和环境保护法规相互交织，已成为现代水法的一大特点。因此，地下水资源行政管理工作必须做到社会效益、经济效益和环境效益相结合。

四、地下水资源行政管理的原则

①水资源属国家所有，即全民所有，这是地下水资源管理的立足点。合理开发利用和保护水资源，防治水害，充分发挥地下水资源的综合效益，适应国民经济发展和人民生活需要是地下水资源行政管理的总原则。

②国家对地下水资源实行统一管理与分级、分部门管理相结合的制度。

③地表水与地下水实施统一管理。在水资源开发利用程度较高，水的供需矛盾日益突出的情况下，坚持地表水与地下水统一管理这一原则很有必要。

④水资源必须城乡统筹。水资源都是以流域为自然单元的，上下游、干支流、地表水与地下水不可分割，《中华人民共和国水法》中许多条文都贯彻了统筹兼顾、全面安排的原则。水资源具有的整体性、多功能性和流动性，这决定了水资源管理既不能按城乡地域分割，也不能按用途分割，而应站在全局的立场上，更好地安排城乡用水，合理利用和保护水资源。

⑤国家对直接从地下、江河、湖泊取水实行许可制度，即凡需直接取水的都必须进行取水许可申请。地下水资源实行有偿使用，即凡申请获得取水许可的单位和个人按取水量多少向国家缴纳水资源费。

五、地下水资源行政管理的主要内容

（一）水资源管理

水资源管理包括制订地下水资源的开发、利用、保护和治理方案，明确不同阶段的管理目标和措施，确保地下水资源的合理配置。地下水资源不同阶段的管理目标和措施具体如下。

1. 短期目标

①严格控制地下水资源的开发利用，避免过度开采和污染。
②加大地下水资源管理和执法力度，打击违法开采和污染行为。
③积极推广节水技术和设备，提高用水效率。

2. 中期目标

①加强地下水资源勘察和科研工作，深入了解地下水资源的分布和储量等情况。
②建立健全的地下水资源管理和监测体系，实现水资源的高效利用和优化配置。
③开展地下水资源污染防治和修复工作，提高地下水资源环境质量。

3. 长期目标

①实现地下水资源的可持续利用，保障经济和社会的可持续发展。
②加强国际合作，推动全球地下水资源的管理和保护。
③促进科技进步和管理创新，提高地下水资源的管理水平和利用效率。

总之，地下水资源是地球上不可或缺的重要资源之一，对人类社会的发展具有重要的作用。因此，需要加强全社会的宣传教育，全社会要共同关注和行动起来，为实现地下水资源的可持续利用和全球环境保护积极做出贡献。

（二）法规制度建设

通过立法明确地下水资源的重要地位，规定相关开发利用和保护的行为准则，制定违法行为的处罚措施，为地下水资源行政管理提供法制保障。加强地下水资源法规制度建设，规范地下水资源的开发、利用和管理，对于保护生态环境、促进可持续发展具有重要意义。

目前，国内外地下水资源法规制度建设存在一定差距。在某些国家和地区，地下水资源法规制度相对完善、管理较为严格，而在一些发展中国家和地区，由于立法不足、管理不力，地下水资源的开发利用存在诸多问题。

在国内，虽然已出台《中华人民共和国水法》《中华人民共和国水污染防治法》等法律法规，涉及地下水资源保护和管理的内容也越来越多，但专门针对地下水资源的法规制度仍需完善。此外，地下水资源管理存在执法不力、监管不到位等问题，导致地下水资源的过度开采和污染现象时有发生。地下水资源法规制度的建设可以从以下几方面入手。

1. 完善立法

加强地下水资源法规制度建设首先要完善相关立法。在国家层面，应出台专门针对地下水资源的法律法规，明确地下水资源的所有权、管理权和监督权；在地方层面，应根据地区特点，制定适合本地区的地下水资源法规和相关政策，以确保法规制度的可操作性和有效性。

2. 加强执法

完善立法是基础，加强执法是关键。各级政府和有关部门要切实履行职责，加大执法力度，严格查处非法开采、污染地下水资源的行为。同时，要加强对地下水资源管理工作的监督，建立健全问责机制，确保执法到位、责任到人。

3. 增强公众意识

保护地下水资源需要全社会的共同参与。政府应加强宣传教育，提高公众对地下水资源法规制度的认识和意识，加大社会监督和参与力度。同时，要建立健全公众参与机制，吸纳各界意见和建议，推动地下水资源法规制度建设的科学化和民主化。

地下水资源法规制度建设是保护和合理利用地下水资源的重要手段，是促进可持续发展的必然要求。针对当前法规制度存在的问题和不足，要加快完善立法、加强执法、增强公众意识等多方面的工作进度，以增强地下水资源法规制度的科学性和有效性。同时，要认真总结国内外经验和教训，为未来制度建设提供有益借鉴。相信在全社会的共同努力下，地下水资源法规制度建设一定会取得更加显著的成果。

（三）行政审批管理

行政审批管理负责对地下水资源开发利用项目进行审查、批准，确保项目符合国家政策、法规及水资源保护要求。

随着城市化进程的加速和工业生产范围的扩大，地下水资源的需求和开采量不断增加。为了合理利用和保护地下水资源，行政审批管理成了不可或缺的手段。

1. 审批事项

地下水资源的行政审批涉及开采、使用、转让和保护区调整等多个方面。申请者需向当地水务部门提交相关材料，包括开采方案、设备情况、地质条件等，以便审核通过。

2. 审批条件

水务部门在受理申请后，会对申请者的资质、能力和信誉进行评估，同时对开采方案的科学性和可行性进行审查。此外，还会考虑地下水资源的使用和保护情况，如水量、水质以及周围环境等因素。

3. 审批流程

审批流程一般包括预审、现场勘查、论证、公示和批复等环节。预审主要是对申请材料进行初步审核；现场勘查是对开采地进行实地勘察；论证是对开采方案进行技术论证；公示是对批复结果进行公示，接受社会监督；批复是最终决定是否给予审批。

（四）行政处罚管理

行政处罚管理规定了处罚事项、处罚标准、处罚流程等内容。

1. 处罚事项

处罚事项主要包括未经批准擅自开采地下水、违规使用地下水以及污染地下水等行为。对于不同类型的违规行为，相关部门将视情节轻重依法进行处罚。

2. 处罚标准

处罚标准应根据违规行为的性质、情节和社会影响等因素进行制定。例如，未经批准擅自开采地下水的行为可能会被处以罚款、停产或停业等处罚。

3. 处罚流程

处罚流程一般包括立案、调查取证、审查和决定等环节。对于涉嫌违规的行为，相关部门会进行立案调查，收集相关证据，并根据法律法规进行审查处理。当事人若不接受处罚决定，可以依法进行申诉或复议。

（五）行政监督管理

行政管理部门需对地下水资源开发利用的全过程进行监督、检查，确保各项管理制度和法规的落实，及时发现并纠正违法行为。

1. 监管机构

地下水资源的行政监管由水务、环保、国土等多个部门共同负责。其中，水务部门主要负责地下水资源的日常监管，包括对开采、使用和保护等情况进行监督、检查。

2. 监管内容

监管内容包括地下水资源的开采量、水质、水位等方面。相关部门会定期对地下水资源进行监测，评估资源状况，及时发现和解决潜在问题。

3. 监管方式

监管方式包括日常巡查、专项检查和综合执法等。对于违规开采和污染行为，相关部门会及时予以制止并依法进行处置。

第三节 地下水资源法律管理

一、地下水资源法律管理的概念

地下水资源法律管理是地下水资源管理的基础，在进行地下水资源管理的过程中，只有通过依法治水才能有效实现水资源的开发、利用和保护，满足社会经济和环境协调发展的需要。

地下水资源法律管理是以立法的形式，通过地下水资源法律体系的建立，为地下水资源的开发、利用、治理、配置、节约和保护提供制度安排，调整与地下水资源有关的人与人的关系，并间接调整人与自然的关系。水法有广义和狭义之分，狭义的水法是指《中华人民共和国水法》，广义的水法是指在水的管理、保护、开发、利用和防治水害过程中调整所发生的各种社会关系的法律规范的总称。

地下水资源法律管理的起源可以追溯到 20 世纪初，随着工业化和城市化进程的加快，许多国家开始制定相关法律法规来保护地下水资源。

目前，世界各国对地下水资源的管理和保护存在不同的法律制度和管理模式。例如，美国、加拿大等国家实行地下水资源许可证制度，对地下水资源的开采和使用实行严格限制；而印度、中国等国家则采取水源保护区制度，限制对地下水资源的开发。

二、我国水资源管理的法律体系构成

为加强对水资源的管理和保护，我国发布了一系列法律法规，如《中华人民共和国水法》《中华人民共和国水污染防治法》《中华人民共和国水土保持法》《中华人民共和国防洪法》《中华人民共和国环境保护法》《中华人民共和国河道管理条例》和《取水许可证制度实施办法》等。这些法律法规的发布标志着我国水资源管理已经初步建立起一个完善的法律体系，其中包括中央到地方、基本法到专项法以及法规条例等不同层次的法律法规。按照立法体制、效力等级的不同，我国水资源管理的法律体系构成如下。

（一）《中华人民共和国宪法》中有关水的规定

宪法是一个国家的根本大法，具有最高法律效力，是制定其他法律法规的依据。《中华人民共和国宪法》中有关水的规定也是制定水资源管理相关法律法规的基础。《中华人民共和国宪法》规定，"水流属于国家所有，即全民所有""国家保障自然资源的合理利用"。这是关于水权的基本规定以及合理开发利用、有效保护水资源的基本准则。《中华人民共和国宪法》对于国家在环境保护方面的基本职责和总政策做了原则性的规定，"国家保护和改善生活环境和生态环境，防治污染和其他公害"。

（二）全国人民代表大会制定的有关水的法律

除了与水资源环境有关的综合性法律和单项法律，全国人民代表大会还对与水相关的法律进行了修订和完善。例如，《中华人民共和国环境保护法》是综合性资源环境法律，对环境保护具有指导作用；《中华人民共和国水法》是水资源管理的基本大法，为水资源的合理开发、利用和保护提供了法律依据。

针对水资源领域的诸多问题，如洪涝灾害频发、水资源短缺以及水污染现象严重等，我国已经专门制定了《中华人民共和国水土保持法》《中华人民共和国防洪法》《中华人民共和国水污染防治法》等多部相关法律，以作为水资源保护、水土保持以及洪水灾害防治工作的有力支撑。这些法律不仅提供了明确和切实可行的依据，而且能够为推动相关工作的稳步发展保驾护航。

1. 《中华人民共和国水法》

1988 年 1 月 21 日，第六届全国人民代表大会常务委员会第二十四次会议对《中华人民共和国水法》进行了审议并顺利通过。之后，该法案于 2002 年 8 月 29 日经过了第九届全国人民代表大会常务委员会第二十九次会议的修订，修订后的法案在 2002 年 10 月 1 日起开始正式施行。

《中华人民共和国水法》共八章，从不同角度对国家的水资源进行了全面的规范和保护。第一章是总则，明确了立法目的和适用范围等基本原则。第二章是关于水资源规划的规定，强调了规划在水资源管理中的重要性。第三章则对水资源的开发利用进行了规范，既保证了水资源的合理利用，又注重了生态环境的保护。第四章专门涉及水资源、水域和水工程的保护，从多个角度强调了水资源的重要性。第五章是关于水资源如何进行合理配置和节约使用的规定，倡导全民参与节水型社会建设。第六章明确了水事纠纷处理与执法监督检查的具体措施。第七章则为违反本法所应承担的法律责任提供了明确的指导。第八章是附则，对相关事项进行了说明和规定。

2. 《中华人民共和国环境保护法》

《中华人民共和国环境保护法》是第七届由全国人民代表大会常务委员会第十一次会议于 1989 年 12 月 26 日通过的一项法律。该法案共七章，主要涉及环境保护的各个方面，包括总则、监督管理、保护和改善环境、防治污染和其他公害、信息公开和公众参与、法律责任以及附则。

《中华人民共和国环境保护法》的目标是保护和改善我们的生活环境与生态环境，防止污染和其他公害，维护人体的健康，并推动我国社会主义现代化建设的前进。在此法律中，"环境"这个概念指的是影响到人类生存和发展的各种自然因素，这些因素有天然的，也有经过人工改造的，包括大气、水、海洋、土地、矿藏、森林、草原、野生生物、自然遗迹、人文遗迹、自然保护区、风景名胜区、城市和乡村等。这部法律适用于整个中华人民共和国的领域以及我国拥有管辖权的其他海域。

3. 《中华人民共和国水污染防治法》

《中华人民共和国水污染防治法》于 1984 年 5 月 11 日由第六届全国人民代表大会常务委员会第五次会议通过；根据 1996 年 5 月 15 日第八届全国人民代表大会常务委员会第十九次会议《全国人民代表大会常务委员会关于修改〈中华人民共和国水污染防治法〉的决定》修订；2008 年 2 月 28 日第十届全国人民代表大会常务委员会第三十二次会议对其进行了第二次修订。

《中华人民共和国水污染防治法》包括八章：总则（第一章）、水污染防治的标准和规划（第二章）、水污染防治的监督管理（第三章）、水污染防治措施（第四章）、饮用水水源和其他特殊水体保护（第五章）、水污染事故处置（第六章）、法律责任（第七章）、附则（第八章）。

《中华人民共和国水污染防治法》是为了防治水污染，保护和改善环境，保障饮用水安全，促进经济社会全面协调可持续发展而制定的。《中华人民共和国水污染防治法》适用于中华人民共和国领域内的江河、湖泊、运河、渠道、水库等地表水体以及地下水体的污染防治。水污染防治应当坚持预防为主、防治结合、综合治理的原则，优先保护饮用水水源，严格控制工业污染、城镇生活污染，防治农业面源污染，积极推进生态治理工程建设，预防、控制和减少水环境污染和生态破坏。

4. 《中华人民共和国水土保持法》

《中华人民共和国水土保持法》于 1991 年 6 月 29 日由第七届全国人民代表大会常务委员会第二十次会议通过，并于 2010 年 12 月 25 日由第十一届全国人民代表大会常务委员会第十八次会议进行了修订，修订后的《中华人民共和国水土保持法》自 2011 年 3 月 1 日起施行。

《中华人民共和国水土保持法》包括七章：总则（第一章）、规划（第二章）、预防（第三章）、治理（第四章）、监测和监督（第五章）、法律责任（第六章）、附则（第七章）。

《中华人民共和国水土保持法》是为了预防和治理水土流失，保护和合理利用水土资源，减轻水、旱、风沙灾害，改善生态环境，保障经济社会可持续发展而制定的。在中华人民共和国境内从事水土保持活动，应当遵守本法。

《中华人民共和国水土保持法》中的水土保持是指对自然因素和人为活动造成的水土流失所采取的预防和治理措施。水土保持工作应实行预防为主、保护优先、全面规划、综合治理、因地制宜、水资源保护与管理突出重点、科学管理、注重效益的方针。

5.《中华人民共和国防洪法》

《中华人民共和国防洪法》于 1997 年 8 月 9 日第八届全国人民代表大会常务委员会第二十七次会议通过，自 1998 年 1 月 1 日起施行。

《中华人民共和国防洪法》包括八章：总则（第一章）、防洪规划（第二章）、治理与防护（第三章）、防洪区和防洪工程设施的管理（第四章）、防汛抗洪（第五章）、保障措施（第六章）、法律责任（第七章）、附则（第八章）。

《中华人民共和国防洪法》是为了防治洪水，防御、减轻洪涝灾害，维护人民的生命和财产安全，保障社会主义现代化建设顺利进行而制定的。防洪工作应遵循全面规划、统筹兼顾、预防为主、综合治理、局部利益服从全局利益的原则。

（三）国务院制定的行政法规

由国务院制定的与水相关的行政法规和法规性文件内容涉及水利工程的建设和管理水污染防治、水量调度分配、防汛、水利经济和流域规划等众多方面。例如，《中华人民共和国河道管理条例》和《取水许可证制度实施办法》等，与各种综合、单项法律相比，国务院制定的这些行政法规和法规性文件更为具体、详细，可操作性更强。

1.《中华人民共和国河道管理条例》

《中华人民共和国河道管理条例》于 1988 年 6 月 3 日由国务院第七次常务会议通过，从 1988 年 6 月 10 日开始施行。

《中华人民共和国河道管理条例》包括七章：总则（第一章）、河道整治与建设（第二章）、河道保护（第三章）、河道清障（第四章）、经费（第五章）、罚则（第六章）、附则（第七章）。

《中华人民共和国河道管理条例》是为加强河道管理、保障防洪安全、发挥江河湖泊的综合效益，根据《中华人民共和国水法》而制定的。《中华人民共和国河道管理条例》适用于中华人民共和国领域内的河道（包括湖泊、人工水道、行洪区、蓄洪区、滞洪区）。

2.《取水许可证制度实施办法》

《取水许可证制度实施办法》于1993年6月11日国务院第五次常务会议通过，自1993年9月1日起施行。《取水许可证制度实施办法》共分为38条条款。《取水许可证制度实施办法》是为加强水资源管理、节约用水、促进水资源合理开发和利用，根据《中华人民共和国水法》而制定的。

《取水许可证制度实施办法》中的"取水"是指利用水工程或者机械提水设施直接从江河、湖泊或者地下取水。一切取水单位和个人，除本办法第三条、第四条规定的情形外，都应当依照本办法申请取水许可证，并依照规定取水。

（四）国务院所属部委制定的行政规章

由于我国水资源管理在很长的一段时间内实行的是分散管理的模式，因此，不同部门从各自管理范围、职责出发，制定了很多与水有关的行政规章，其中又以环境保护部门和水利部门分别形成的两套规章系统为代表。

环境保护部门侧重水质、水污染防治，主要是针对排放系统的管理，制定的相关行政规章有《环境标准管理办法》和《全国环境监测管理条例》等；水利部门侧重水资源的开发、利用，制定的相关行政规章有《取水许可申请审批程序规定》和《取水许可监督管理办法》等。

（五）地方性法规和行政规章

我国水资源的时空分布存在很大差异，不同地区的水资源条件、面临的主要水资源问题，以及地区经济实力等都各不相同，因此，水资源管理需因地制宜地展开，各地方可制定与区域特点相符合、能够切实有效解决区域问题的法律法规和行政规章。目前我国已经颁布了很多与水有关的地方水资源保护与管理性法规、省级政府规章及规范性文件。

（六）其他部门相关的法律规范

水资源问题涉及社会生活的各个方面，其他部门中相关的法律规范也适用于水资源法律管理，如《中华人民共和国农业法》和《中华人民共和国土地法》中的相关法律规范。

（七）立法、司法机关的相关法律解释

立法机关、司法机关对以上各种法律、法规、规章、规范性文件做出的说明性文字，或是对实际执行过程中出现的问题解释、答复，也是水资源管理法律体系的组成部分。

（八）依法制定的各种相关标准

由行政机关根据立法机关的授权而制定和颁布的各种相关标准是水资源管理法律体系的重要组成部分，如《地表水环境质量标准》（GB 3838—2002）、《地下水质量标准》（GB/T 14848—93）和《生活饮用水卫生标准》（GB 5749—2022）等。

三、地下水资源法律管理的基本内容

（一）地下水资源开发利用

1. 基本指导原则

随着人口的增长和经济的发展，人类对水资源的需求量不断增加。地下水资源作为水资源的重要组成部分，具有储量丰富、分布广泛、水质较好等优点，因此其开发利用越来越受到人们的重视。地下水资源的开发利用对人类的生产生活有着重要的影响，尤其是在水资源短缺的地区。然而，地下水资源的开发利用也会对环境产生一定的负面影响，如地下水位下降、地面沉降、水质污染等。因此，制定相应的指导原则以合理开发利用地下水资源并保护生态环境至关重要。

地下水资源的开发利用是指通过挖掘、提取、净化和利用等方式，将地下水资源转化为人类生产生活所需的水资源。地下水资源开发利用的指导原则是指在制订地下水资源开发利用方案时需要遵循的原则，包括可持续利用、保护环境、保证质量、确保安全等方面。

（1）可持续利用原则

在开发利用地下水资源时，应注重资源的可持续利用，确保地下水资源的补给和更新。要合理规划和管理地下水资源的开发规模和速度，避免过度开采和资源枯竭。

（2）保护环境原则

地下水资源的开发利用应以保护生态环境为前提，尽量避免对环境造成负面影响。要注重生态补水、修复和保护工作，提高地下水资源的环境承载能力。

（3）保证质量原则

在开发利用地下水资源的过程中，应确保供水水质符合国家相关标准，满足

人们生产生活的要求。要采取有效的净化处理措施，防止水质污染，提高地下水资源的利用效率。

（4）安全第一原则

地下水资源开发利用应遵循安全第一的原则，确保供水安全可靠。要建立健全的地下水资源管理制度，提高地下水资源监测和预警水平，防范潜在的安全风险。

2. 科学考察与调查评价

开发利用水资源，特别是开发利用地下水资源的工程，是通过人工手段改变天然的水流状况，从时间上和空间上重新安排水资源布局的一种行为。随着水资源开发程度的提高，采用常规的勘测设计程序已经不能满足开发需求，只有进行多学科的科学考察和调查评价，才能全面地、系统地掌握客观实际，按客观规律办事。

3. 水规划

规划通常是与技术经济相结合的、综合性的、中长期指导性的发展计划，也是地区的或者行政、事业、产业的发展战略部署，是进行宏观调控的重要手段。现代社会开发利用水资源，已不能就单项工程的技术经济论证进行决策，而必须从全局和系统的高度把握工程的合理性和可行性。

水政策和水法规是具有普遍约束力的行为规范，但是将法定的规范具体落实到特定区域则需要通过制度规划，把政策、法规的原则性规范转化为具体的实施方案，从全局上和战略上有一个具体安排，以此为依据判别具体工程的合理性与可行性。水政策、水法规所要解决的是人与人在水方面的权益关系，即社会经济关系；而水规划则能综合地解决和处理人与水的矛盾和人与人的矛盾，是自然规律与社会规律的有机结合。只有做好规划、重视规划，并以规划为依据，才能体现水政策与水法规的宗旨。

4. 生活用水优先

开发利用水资源应当首先满足城乡居民生活用水需求，并统筹兼顾农业、工业用水和航运需要。生活用水优先的决策不仅应当体现在水量分配方面，还应当体现在水质方面。水质优良的水，特别是地下水，应当用于生活饮用，但在此方面也存在不少问题。例如，有的工厂用水，水质要求不高，但由于用水量大且地表水不能满足需要，就利用自备水井取用地下水，造成了很大的浪费。如果能利用非常规水资源，就能减少对地下水的浪费。在水源性地方病流行地区，要抓紧进行供水工作，进行社会化供水。水资源保护和水污染防治工作也应当把保护水源作为头等重要的任务，重要的饮用水源地都应当划为水源保护区，得到重点保护。

（二）地下水资源保护

1. 水环境保护

水环境保护是水利部门与环境保护部门的共同任务，二者应当各司其职，协同配合。国务院批准的水利部"三定"方案明确规定，水利部负责全国水资源统一管理和保护的工作。地方各级人民政府在明确水利部门作为水行政主管部门时，也都赋予了其在管辖范围内水资源统一管理和保护的职责。水利部门作为水资源保护的主管部门也是环境保护方面的重要协同部门，在水环境监督管理方面起着不可替代的作用。

水利部门在水环境保护方面的主要职责：①主管水资源保护、参与对水污染防治的监督管理，主管水质监测和水质调查评价工作；②负责编制水资源保护规划，拟定水资源保护法规和技术标准，参与水资源防治方面的法规标准的拟定；④按照国家规定对水域排污口的设置和扩大进行监督管理；⑤对水体污染有影响的建设项目的"三同时"进行监督管理；⑥归口管理水利工程环境影响评价的预审，在审批取水许可证时，也要考虑排污的问题。

2. 防治水污染

水污染是指因外界某种物质的介入，导致水源原有的质量特性发生改变，原有的功能和利用价值受到影响，对人体健康造成危害、生态环境造成破坏。水污染的类型主要包括有机物污染，水体富营养化，有毒物质污染，热污染，油污染，放射性污染及病原菌污染等。

保护水资源、防治水污染，应当严格执行《水污染防治法》。《水污染防治法》明确了生态环境部应对水污染防治实施统一监督管理。生态环境部与水行政主管部门应从不同的方面履行主管责任：生态环境部的工作重点是对污染源的监督管理，水行政主管部门的工作重点是对江河水质的保护；生态环境部是主管部门，水行政主管部门是协同部门。水行政主管部门与生态环境部工作上各有侧重，各司其职，大力合作，共同执法。

3. 保护地下水

开采地下水必须在水资源调查评价的基础上，实行统一规划，加强监督管理。在地下水已经超采的地区，应当严格控制开采，并采取措施，保护地下水资源、防止地面沉降。保护地下水可以从以下两个方面入手。

第一，要在开采过程中做到合理开采。所谓合理，就是符合自然规律和经济规律，使地下水既得到充分的开发利用，又得到保护可以循环再生，从而实现永续利用的良性循环。第二，必须严格把控打井质量，做好分层取水，防止上下水层串通，水质恶化。第三，严格控制开采，采取措施，防止超量开采，保护好地下水资源。

（三）用水管理

用水管理一般可分为水资源管理、供水管理、用水单位对水的使用的管理三个层次。其中，水资源的规划、计划、调度和分配属宏观层次，即水资源管理。

水资源管理的总任务是从宏观上调控水资源的配置，即水资源的开发利用和调度分配问题。水资源的短缺性和水资源的国家所有性，决定了水资源管理职能只能属于政府，其中的管理权和处分权属于各级政府，其他任何组织和个人只能在国家的统一管理下，依法享有使用和收益的权利。

政府对水资源的管理包括两项基本内容：水资源的动态管理和水资源的权属管理。

1. 水资源的动态管理

水资源的动态管理是对水资源的循环再生、变化实施全面的监控管理。

（1）动态管理面临的挑战

①水资源分布不均：地球上的水资源分布极不均匀，部分地区水资源匮乏，而部分地区则面临水资源过剩的问题。这给水资源的动态管理带来了很大的挑战。

②水质污染：随着工业化进程和城市化进程的加快，水质污染问题越来越严重。如何提高水质、确保水资源的安全和洁净，是水资源动态管理所面临的又一重要挑战。

（2）水资源动态管理方法

①加强水资源规划：通过科学合理的水资源规划提高水资源的利用效率，减少浪费，实现水资源的配置优化。

②建立水资源管理体制：完善水资源管理体制，实现水资源的统一管理和监管，提高管理效率和水资源利用效率。

③推动节水型社会建设：加强节水宣传和教育，增强公众节水意识，推动节水型社会的建设和发展。

水资源动态管理是实现水资源可持续利用的关键。面对当前日益严峻的水资源形势，必须采取有效的措施和方法，提高水资源的利用效率，减少浪费，实现水资源的配置优化。同时，要注重加强水质管理和增强公众节水意识，推动节水型社会的建设和发展。只有这样，才能确保水资源的可持续利用，为人类的生存和发展提供坚实的保障。

2. 水资源的权属管理

权属管理作为水资源管理的重要组成部分，对于合理配置和有效保护水资源具有至关重要的作用。

（1）水资源的权属管理体制

目前，我国实行中央和地方两级管理制度，即国务院水行政主管部门负责全国水资源统一管理和监督的工作，地方各级水行政主管部门负责本辖区内水资源的管理和监督工作。同时，不同用水主体之间存在不同的权属关系。例如，农业、工业、生活等领域用水分别属于不同的水资源管理机构，存在多头管理现象。

（2）水资源的权属管理措施

为保障水资源的合理配置和有效利用，我国采取了一系列权属管理措施。具体包括以下几点。

①水资源论证：对新建、改建、扩建项目进行水资源论证，确保项目符合国家水资源利用政策和流域规划。

②取水许可：严格实行取水许可制度，确保用水单位依法获得取水权，合理利用水资源。

③水污染防治：通过制定水污染防治法规和标准，加强水环境监测和执法监督，保障水资源的质量。

（3）水资源的权属管理问题与对策

尽管我国在水资源权属管理方面取得了一定成就，但仍存在以下问题。

①权责不一致：现行水资源管理制度未明确各方的权利和义务，导致实际管理过程中出现权责不一致现象。

②监管不力：由于多头管理和权责不明等问题，水资源权属管理存在监管不力现象。

③水资源浪费严重：一些地区存在水资源利用不当和严重浪费的现象，加剧了水资源短缺问题。

解决上述问题的具体对策如下。

①加强法律法规建设：完善水资源权属管理的法律法规，明确各方的权利和义务，为水资源的管理和保护提供有力保障。

②提高监管能力：加强监管队伍建设，提高监管水平和效率，确保水资源权属管理工作的有效实施。

③采取节水措施：通过推广节水技术和制定节水政策，提高水资源利用效率，减少浪费现象。

④加强流域管理：以流域为单位建立统一的水资源管理机构，实现流域水资源的统一管理和调配。

⑤增强公众参与意识：通过宣传教育和公众参与活动，提高公众对水资源权属管理的认识和参与度，形成全社会共同关注水资源的良好氛围。

（四）调解处理水事纠纷

水事纠纷是指在水资源开发、利用、保护、管理过程中，相关各方因权益、责任等问题所产生的矛盾和冲突。随着水资源日益紧缺和用水需求不断增长，水事纠纷逐渐成为社会关注的焦点。

水事纠纷产生的原因主要包括水资源短缺、水权不明确、水事管理制度不完善、水环境恶化等。为了解决这些纠纷，我国政府制定了一系列法律法规和政策，如《中华人民共和国水法》《中华人民共和国河道管理条例》等，为调解处理水事纠纷提供了基本的法律保障。

调解处理水事纠纷具有重要意义。首先，通过调解处理可以避免纠纷升级，降低诉讼成本和时间成本。其次，调解处理有助于保护双方的合法权益，促进双方当事人取得双赢的结果。最后，调解处理水事纠纷还可以提高公众对水资源保护的重视程度，促进水资源合理利用和社会和谐稳定。

调解处理水事纠纷的方法包括协商、调解、仲裁等。协商是指当事人自行协商解决争议，其优点是灵活、高效，缺点是结果可能不稳定。调解是指第三方介入，协调双方意见，其优点是专业、中立，缺点是周期较长。仲裁是指当事人自愿将争议提交仲裁机构解决，其优点是法律约束力强，缺点是成本较高。

水利事业是全社会共同的事业，涉及面广，政策性强，往往存在着不同的要求和需要，存在着错综复杂的利害关系，这些水事利害关系如果处理不当，就会引起水事纠纷。中华人民共和国成立以来，在党和人民政府的统一领导下，全国人民发扬团结治水的精神，为妥善协调水事关系、处理水事纠纷，创造了有利的条件，许多复杂的水事纠纷都得到了解决。

然而，由于经济的发展和人口的增长，与大规模水利建设的兴起，以及各地区、各部门竞相开发利用水资源，新的水事矛盾和纠纷又时有发生。在新的条件下，水事纠纷具有涉及面广、矛盾更复杂和层次更高的特点。《中华人民共和国水法》总结了我国在协调水事关系、处理水事纠纷方面的丰富经验，把行之有效的办法和政策用法律的形式固定下来，形成调解处理处水事纠纷的基本法律规范。

预防水事纠纷发生必须按照《中华人民共和国水法》的有关规定对工程建设实施有效的管理。为了保证在工程建设中协调好各方的利益，《中华人民共和国水法》规定，凡涉及其他地区和行业利益的水工程，其建设单位必须事先向有关地区和部门征求意见，并按照规定向上级人民政府或者有关主管部门提出审批。

上述法律规范的贯彻实施可有效地避免水事纠纷。

在水资源供需矛盾日益突出、各地区各部门竞相开发利用水资源特别是有限的地下水资源的形势下，水事纠纷必然增多。要避免水事纠纷，就必须加强水资源的统一管理、统一调度和分配，实行取水许可制度。依法加强水资源管理工作是减少水事纠纷的重要前提。在这方面，《中华人民共和国水法》在宏观的水量分配、调蓄径流、取水许可、计划用水和节约用水等方面都作了规定。

调解处理水事纠纷，各级水利部门负有重要责任，但对一些比较复杂、矛盾已经激化的事项，不是水利部门一家能够解决的，必须由政府主要负责人亲自出面，各有关部门大力协同配合，才能得到解决。

（五）法律责任

《中华人民共和国水法》中的法律责任是指公民、法人、企事业单位、国家机关及其工作人员，不履行水法规定的义务，或者实施了水法禁止的行为，并具备了违法行为的构成条件，应当承担由此引起的法律后果，受到国家法律的制裁。违反水法的行为，依其侵犯的客体、违法性质及危害程度不同，分为民事违法、行政违法和刑事违法。

《中华人民共和国水法》中的法律责任主要包括民事法律责任、行政法律责任和刑事法律责任三种。其中，行政法律责任包括行政处罚和行政处分两种。

民事法律责任是指违法行为人应当承担的民事赔偿责任，如造成水利工程损坏、水资源破坏等，应当依法承担相应的民事赔偿责任；行政处罚是指对违法行为人给予罚款、责令停产停业、吊销许可证或者执照等行政处罚措施；行政处分则是指国家机关、企事业单位等对其工作人员违法失职行为实施的惩罚措施；刑事法律责任是指犯罪行为人应当承担的刑事处罚责任，如构成非法采矿罪、污染环境罪等犯罪行为的，应当依法追究其刑事责任。

总之，违反水法规定的行为会受到相应的法律制裁。

第四节　地下水资源监督管理

一、地下水资源监督管理的概念

监督管理是指政府或相关机构通过法律、行政等手段对特定对象进行管理和监督的行为。地下水资源监督管理是指政府或相关机构根据法律法规和技术标准，对地下水资源的开发、利用、保护和管理活动进行监督和管理的过程。这个过程涉及的主体包括政府、水行政主管部门、地下水管理机构等，而客体则包括地下水水源地、地下水取水工程、地下水用户等。地下水资源监督管理的职责主要包括制定地下水管理政策、标准和规范，组织开展地下水监测和调查，实施监督检查和行政执法等。地下水资源监督管理的作用是保障地下水资源的可持续利用，维护生态平衡，确保人民群众的饮水安全。

对于地下水资源的监督管理而言，其必要性不言而喻。加强地下水资源的监督管理有利于保护水资源，防止地下水污染和过度开采。地下水资源的合理利用关系到生态环境的平衡和社会的可持续发展。因此，加强地下水资源的监督管理对于保护生态环境、促进社会可持续发展具有重要意义。

二、地下水资源监督管理的重要性

首先，在国家水资源管理中，地下水资源监督管理有利于促进水资源的合理配置和高效利用，保障国家水安全。

其次，在城市地下水开发利用方面，地下水资源监督管理能够规范开发行为，防止过度开采和污染，保障城市供水安全。

最后，在地质环境维护方面，地下水资源监督管理有利于防止地下水污染和地质灾害的发生，保护生态环境。

国内外已经有很多成功实施地下水资源监督管理的实践案例。例如，我国北京市通过严格的水资源管理制度和行政执法手段，有效地保护了地下水资源；美国科罗拉多州通过建立完善的地下水监测网络和数据采集分析系统，实现了对地下水资源的有效监管。这些实践案例为其他地区开展地下水资源监督管理工作提供了有益的借鉴。

因此，为了更好地保护和管理地下水资源，需要进一步加强研究和实践，完善相关法律法规和标准体系，增强监督管理的科学性和有效性。同时，还要增强公众对地下水资源的认识和保护意识，形成全社会共同参与和共同治理的良好局面。

三、地下水资源监督管理的原则

地下水资源监督管理原则是指导我们进行水资源管理的重要方针，主要包括以下四个方面。

（一）全方位监督管理原则

全方位监督管理原则要求对地下水资源进行全面、系统、科学的监督和管理。这包括对地下水资源的分布、储量、质量、开采、使用、排水等方面的监督管理。同时，还应明确不同部门之间的职责和协调机制，确保全方位监督管理的有效实施。

（二）全过程监督管理原则

全过程监督管理原则要求对地下水资源进行全过程、实时、动态的监督和管理。这包括对地下水资源的勘察、规划、设计、施工、使用、维护等环节进行全过程监督。同时，还应建立科学合理的评价机制，对全过程监督管理的效果进行评估和反馈，及时调整和完善监督管理措施。

（三）科学监督管理原则

科学监督管理原则要求采用先进的科学技术手段和方法，对地下水资源进行科学、精准、高效的监督和管理。这包括利用遥感技术、地理信息系统（GIS）技术、水文地质勘察技术等先进技术手段，建立地下水资源信息化管理系统，实现对地下水资源的实时监测和数据分析，提高监督管理水平和效率。此外，还应建立完善的教育培训体系，提高管理人员和专业技术人员的能力和素质，推动地下水资源监督管理的科学化和专业化。

（四）社会广泛参与监督管理原则

社会广泛参与监督管理原则要求加强地下水资源保护的宣传教育，提高公众对地下水资源保护的认识和意识。同时，还应建立信息公开的透明机制，加强社会监督，鼓励公众、企业、社会组织等广泛参与地下水资源的保护和管理工作。

四、地下水资源监督管理的对策

为了更好地保护和利用地下水资源，必须进行地下水资源的监督管理，需要从以下几个方面着手。

①提高公众对地下水资源的认识和保护意识。通过宣传教育、科普活动等方式，让更多人了解地下水资源的珍贵性和保护地下水资源的重要性。

②加强法律法规建设。完善相关法律法规，明确地下水资源的管理责任和保护要求，为地下水资源保护与利用提供有力保障。

③完善监测网络。建立完善的地下水资源监测网络，实时掌握地下水资源的动态变化情况，为管理和决策提供科学依据；加大行政监管力度，政府及相关机构应加大对地下水资源开采、利用和保护的监管力度，严肃查处非法开采和污染行为，确保地下水资源的安全和合理利用。

④发展节水技术。加大对节水技术的研发和应用投入力度，提高水资源利用效率，减少对地下水资源的消耗。

⑤推进水权制度改革。通过明晰水权、建立水市场等方式，优化水资源配置，促进地下水资源节约和保护。

⑥加强国际合作。与国际社会共同推进地下水资源保护与利用，分享经验和技术，共同应对全球水资源的挑战。

⑦加强水源地保护。划定地下水资源保护区，严格控制开采量，防止过度开采和污染。同时，加强水源地的环境监测和管理，确保地下水资源的可持续利用。

⑧公开水源地环境信息。建立水源地环境信息公示制度，定期向社会公布地下水资源保护区的环境状况和监测数据，加大公众对地下水资源保护的参与度和监督力度。

地下水资源是不可或缺的宝贵财富。只有加强监督管理、坚持全面规划、统筹管理、确保公共利益和公平分配、促进可持续发展以及完善监督管理制度和措施，才能更好地保护和利用地下水资源，为人类社会的可持续发展做出积极贡献。

五、地下水资源监督管理的发展趋势

（一）多元化管理

未来地下水资源的监督管理将更加注重多元化管理，即政府、企业和社会各方面的共同参与和协作，共同推进地下水资源的保护和合理利用。地下水资源多元化管理趋势的出现是当前社会经济发展和科技创新的必然结果。这种多元化管理趋势包括以下几个方面。

首先，政策法规的制定和实施是地下水资源实现多元化管理的关键。国家和地方政府需要制定相应的法律法规，限制地下水资源的开采和使用，保护地下水资源不受污染。

其次，市场趋势也在推动地下水资源的多元化管理。在市场经济条件下，水资源的价值逐渐被认识，水资源市场也不断发展。通过市场机制来配置和保护地下水资源，能够提高水资源的利用效率，减少浪费和污染。

最后，科技创新在地下水资源多元化管理中发挥着越来越重要的作用。先进的勘探和开采技术、水处理技术以及水资源监测技术等，为地下水资源的保护和管理提供了强有力的支持。

地下水资源多元化管理趋势将会持续发展。可能的趋势和发展方向包括以下几点。

一是跨区域合作。未来地下水资源的管理将更加强调跨区域的合作。通过加强不同地区之间的合作和交流，可以更好地调配和利用地下水资源，实现水资源的跨区域配置优化。

二是科技引领。科技创新将继续在地下水资源多元化管理中发挥主导作用。未来的管理将更加注重科技的创新和转化，通过引进和发展更加先进的勘探、开采、处理和监测技术，提高地下水资源的利用效率和管理水平。

三是生态保护。未来的地下水资源多元化管理将更加注重生态保护。通过加强水资源的保护和修复，可以促进水资源的可持续利用，保护生态环境。

四是综合性管理。未来的地下水资源多元化管理将更加注重综合性。管理部门需要综合考虑经济、社会和环境等多方面的因素，制定更加科学、全面和可持续的管理方案和政策。

总之，地下水资源多元化管理是当前社会经济发展和科技创新的必然结果，也是未来水资源管理的必然趋势。在推动多元化管理的同时，需要应对政策沟通、市场认可和科技转化等方面的挑战，以实现水资源的可持续利用和生态环境的保护。

（二）信息技术应用

随着信息技术的发展，未来地下水资源的监督管理将更加注重信息技术的应用，如遥感技术、大数据分析等，以提高监管的效率和准确性。主要体现在以下几个方面。

1. 云计算和大数据技术的应用

随着云计算和大数据技术的发展，其在地下水资源管理中应用的前景越来越广阔。通过云计算技术的应用，可以实现地下水资源数据的分布式存储和处理，提高数据处理效率和管理水平。应用大数据技术则可以对海量的地下水资源数据进行深入分析和挖掘，发现数据中的隐藏规律和趋势，为管理决策提供更加全面和准确的数据信息支持。

2. 人工智能技术的应用

人工智能技术在地下水资源管理中的应用也备受关注。通过人工智能技术，可以实现地下水资源的智能感知、识别和分析，提高数据获取的准确性和处理效率。同时，人工智能技术还可以对地下水资源的管理过程进行优化和自动化，减少人工干预和管理成本。此外，深度学习等人工智能技术还可以对地下水资源的演化趋势进行预测，为决策者提供更加准确的科学依据。

3. 互联网技术的应用

互联网技术在地下水资源管理中的应用也将更加广泛。通过互联网技术的应用，可以实现地下水资源数据的共享和交流，促进信息流通和资源整合。同时，应用互联网技术还可以实现地下水资源管理系统的远程控制和智能化升级，提高管理水平和效率。此外，互联网技术还可以为地下水资源管理提供更加便捷的信息发布和互动交流平台，促进公众参与和社会监督。

（三）社区共治

社区共治是地下水资源管理的重要趋势之一。社区共治意味着政府、企业、社会组织和个人共同参与地下水资源的管理和保护工作。这种管理模式有利于提高管理效率，实现资源共享和风险共担。然而，社区共治也面临着一些挑战，如协调各方利益、建立有效的沟通机制和加强风险管理等。未来，社区共治需要更加注重公正、公平和透明度，确保各个方面的利益得到充分保障。同时，需要加强各方之间的合作，建立更加紧密的伙伴关系，共同推进地下水资源的管理和保护工作。

未来，地下水资源的监督管理将更加注重社区共治，即通过广泛宣传教育、建立公民参与平台等措施，增强公众的环保意识，实现地下水资源的共同保护和管理。

（四）国际合作与交流

随着全球气候变化和资源紧张形势的加剧，未来地下水资源的监督管理将更加注重国际合作与交流。各国应相互借鉴先进的管理经验和技术，共同应对全球性的水资源挑战。

总之，加强地下水资源的监督管理对于保护生态环境、促进社会可持续发展具有重要意义。通过采取建立健全法律法规体系、加强水源地保护、推行节约用水政策、加大行政监管力度、完善水源地环境信息公开等措施和方法，实现地下水资源的全面、有效的保护和管理。同时，要注重多元化管理、信息技术应用、社区共治、国际合作与交流等发展趋势和前景，共同推进全球地下水资源的保护和管理。

第四章　地下水资源管理的基本内容

　　地下水资源是一种具有稳定水量和良好水质的宝贵资产。科学地开发和利用地下水资源能够有效缓解水资源供需矛盾。然而，一些地区的地下水资源存在着一系列问题，如过度开采、缺乏水位与水量管控以及污染加剧等，这些问题导致了各类地质生态环境灾害的出现。这不仅对地下水资源的可持续利用造成了影响，还威胁到了区域经济社会的发展。面对这种情况，需明确地下水资源管理的基本内容，制定完善的管理策略，以实现可持续利用地下水资源的目标。本章则围绕地下水资源超采管理、地下水资源水位与水量的双控管理、地下水资源污染防治管理展开研究。

第一节　地下水资源超采管理

　　地下水资源的超采问题已经给经济社会发展和生态环境带来了巨大的危害，并且对未来水资源可持续利用和经济社会可持续发展构成了严重威胁。因此必须从生态文明建设的战略高度出发，充分认识到加强地下水资源管理的紧迫性，并切实推进地下水资源超采管理工作。

一、地下水资源超采管理原则

（一）科学布局，综合治理

　　相关部门应根据地下水超采区的水资源条件和实际情况，结合当地的生态建设和经济发展需要，针对地下水资源的开发利用总体布局进行科学规划。同时，需要明确地下水超采区在不同阶段的控制和管理目标，制定相应的任务，并提出具体的治理实施方案。为此，还需要建立相应的管理体制、法制和机制，采取合理的综合保障措施。

（二）突出重点，全面推进

强调将地下水严重超采区作为控制和治理的重点，增加资金投入，加快治理进程，通过工程措施和非工程措施相结合，明显改善地下水严重超采区的超采形势。此外，需重视以点带动面，并兼顾推进一般超采区的控制和治理。此外，还要加强地下水动态监测，采取有效措施，防止新的地下水超采区出现。

（三）合理配置，加强调控

在地下水超采区，应重视联合调度与合理配置地表水与地下水。首先，应优先利用地表水，对开采地下水进行严格限制，充分利用其他水源（拦蓄雨水、污水处理回用、海咸水利用等）。其次，应强调同时采取多种宏观调控手段，如调整用水结构、调整水价等，促进水资源配置结构趋于合理，逐步控制地下水资源超采。

（四）总量控制，计划开采

为了实现地下水资源采补平衡的目标，需要加强超采区水资源的统一管理。根据各地的实际情况，主张对超采区地下水年度取用水总量实施控制和定额管理，采取综合措施，实行计划用水，强化节约用水。

二、地下水资源超采管理策略

为了修复地下水环境和实现地下水资源的采补平衡，需要在强化节水的前提下，重视对各类水源的合理配置，综合考虑当地地表水、地下水、外调水和其他水源的利用，促进替代水源工程建设，将替代水源输送到需要压采地下水的用水户，从而有效减少地下水开采量以及促使地下水资源超采量得到有效削减，使地下水含水层逐步达到采补平衡。利用各种水源替代地下水开采，结合强化节水措施，逐步实现地下水资源的采补平衡，以达成地下水资源超采管理目标。这样的综合管理将有助于修复地下水环境，保护水资源，并确保其可持续发展。

（一）严格控制地下水开采量

造成地下水超采的主要原因是实际开采量大于可开采量，因此预防地下水超采首先应结合地下水水源地实际情况，制订合理的地下水开采方案，重视对实际开采量的有效控制。在地下水开采方案的制订过程中，确定地下水可开采量是极其重要的一个环节。

地下水可开采量是指在特定的环境和条件下，在不引发环境问题和不影响可持续利用的前提下，可以从地下含水层中抽取的最大水量。地下水是一种关键的资源，对人类生活和生态系统都非常重要。在确定地下水可开采量时，需要综合考虑多种因素。如上所述，地下水可开采量应在经济合理、技术可能、不产生环境问题和不对生态系统产生不良影响的前提下进行计算。

计算地下水可开采量的方法有很多，但一般不宜采用单一方法，而是综合使用多种方法进行计算。这样可以更准确地确定可开采量，因为不同的方法可能对不同的地质环境和开采条件有不同的适用性。在计算可开采量时，还需要考虑经济技术水平、开采方案和设施，并结合环境地质预测进行综合评估。此外，地下水可开采量的确定还需要考虑其可能对地表水和其他资源产生的影响。例如，过度开采地下水可能会导致地下水水位下降、水质恶化、海水入侵和地面沉降等问题，这会进一步影响生态系统和其他人类活动。在具体应用时，可根据地下水水源地类型，地质构造条件以及地下水补给、径流、排泄条件来选择相应的计算方法。通常情况下，当具有水井长期动态观测资料时，推荐选用相关分析法和开采抽水法来计算地下水可开采量；而具有详细的水源地水文地质资料和地下水观测资料时，可选用数值法或水均衡法来计算可开采量。

在计算出水源地地下水可开采量的基础上，相关部门可根据《地下水超采区评价导则》（GB/T 34968—2017）等相关的国家标准或行业标准来更加科学和准确地评价水源地的超采状况，并为水源地内禁采区、严重超采区以及一般超采区的划分提供依据。在禁采区内，不允许再批准新建任何地下水取水工程，对已有水井要结合当地的用水需求、超采状况，制订压缩地下水开采量方案，并有计划地进行封井；在严重超采区内，要严格限制新建地下水取水工程，通过采取"打一封一""打一封多"的措施，逐步减少机井分布密度、压缩地下水开采量，力争将地下水实际开采量控制在可开采量以下；在一般超采区内，可在短时期内仍维持当前开采状态，但不允许继续扩大开采规模，同时要积极发展节水技术，制订合理的地下水年度开采计划和保护方案，逐步减少开采量，恢复地下水水位。

此外，为了有效控制地下水开采量，还要注意以下几个方面。

首先，根据水源地的水文地质条件，选择合适的开采层位，尽量减少对非开采层位的干扰，减少对地下水系统的破坏。

其次，在保证生活和生产用水的前提下，尽可能减少地下水开采量，可以通过提高水的利用效率、实施节水措施和推广水资源循环利用等方式来实现。同时，根据水源地的实际情况，选择合适的开采方式和井布局，以最大限度地减少对地下水资源的破坏和对环境的影响。此外，在确定地下水可开采量的基础上，必须严格按照规定的开采量进行开采，不得超过允许的开采量。

再次，对于超采区内的企业和工厂，要根据其节水和用水情况，采取以供定需、定量控制的措施。对于高耗水、重污染的企业，应该采取更加严格的控制措施。同时，对于难以统一供水和管理的地区，应该尽量减少当地企业的数量和规模，逐步将耗水大的企业从超采区内外迁。

最后，对于农村地区，可以实行集中供水、统一管理的方式，严格控制打井的数量、深度和井半径，并要求其若打井必须办理打井许可证。

（二）加强对地下水资源管理工作的领导

各级人民政府要把加强地下水资源管理作为落实科学发展观、建设生态文明的重要举措，全面落实水资源管理制度，切实加强对地下水资源管理工作的领导，加大对超采区治理的投入，及时研究解决超采区治理中遇到的重大问题。各相关部门要按照各自的职责，分工负责、密切配合，做好相关工作。

（三）采取地下水禁采、限采工作措施

一是制订科学合理的地下水超采区治理方案，明确禁止和限制开采的范围和目标，并设定时间表来确保治理工作的实施。

二是根据地下水开采布局、水资源利用现状和存在问题，推动地表水、地下水和非传统水源的合理配置，从而优化水资源配置，提高利用效率，减少对地下水的过度开采。

三是加强替代水源工程建设，大力推进城乡区域供水，用地表水替代地下水。在自来水管网到达的地下水超采区，除特殊行业用水和留存少量应急备用井外，一律实行"水到井封"，即在水源切换后封闭取水井。

四是实施超计划累进加价水资源费政策和差别水价政策，对超采区的地下水价格进行大幅度提高，以增加对地下水的使用成本，从而减少对地下水的开采。同时也可以通过提高水资源费标准来促进节水。

五是进一步加强节水型社会建设，推广节水技术和设备，积极推动节水减排示范工程的建设，促使用水效率进一步提高，从而减少地下水开采量。

（四）加强地下水管理能力建设

一是加强地下水超采区和重点开采区地下水动态监测、地面沉降监测基础设施建设，通过建设专用监测站，可以实时远程监控地下水位、水量和水质的变化情况，以便及时采取相应的措施。

二是对地下水资源及其开发利用情况进行合理评价和分析，进一步了解和掌握地下水环境现状以及地下水的开发利用情况。通过评价和分析，可以更好地了解地下水的储量、质量、开采和使用情况，为制定科学合理的地下水资源管理和保护政策提供依据。

三是严格把控地下水取水许可审批流程，规范地下水资源论证工作。地下水

禁采区应禁止开凿深井，已有深井由当地人民政府限期封填（存）；地下水限采区不得新增深井数量，当地人民政府要采取措施逐步压缩地下水开采量，确需凿井的实行"打一封一"制度。新增地下水取水主要用于地表水供水管网未到达地区的生活用水以及特殊行业用水。

四是加强对地下水取水工程的管理。通过进一步落实"四个一"管理制度（即一个取水许可证、一个取水表、一个井台标志牌、一个取水台账），采用统一管道颜色、井台设计等措施，加强地下水取水工程的标准化和规范化管理。

五是加强地下水管理信息化建设，进一步推进地下水取水水量和水位自动监控，规模以上取水单位的相关数据接入全省水资源管理信息系统，从而实现对地下水资源更加精准、高效的管理和监测。

（五）运用先进技术进行超采管理

在"互联网+"的时代背景下，相关部门应充分利用互联网、计算机技术和信息化系统等手段，加强对地下水超采问题的治理，以实现地下水资源的合理开发与利用。

相关部门可以通过运用水电双计智能监测系统、智能信息化云平台软件以及视频监控系统等手段来实时监测与管理地下水开采与变化情况。这些监测数据的获取可以让相关部门准确地掌握地下水位的变化情况，并能更好地预测未来变化趋势，为制订科学合理的地下水开采计划和管理方案提供了重要依据。在实时监测的基础上，相关部门还可以及时根据实际情况对地下水开采计划进行调整，确保地下水开采总量的有效控制。

在对地下水开采工作进行管理时，可充分运用水情信息化系统监测地下水位变化情况及其趋势。该系统为地下水管理方案的制订和开采方案的调节提供了有用的参考信息。水情信息化系统中包含多项内容，如流量计、集成电路（IC）卡、无线传输网络等，通过水情信息化系统的建设与运用，管理人员可以实现对地下水变化情况的实时监测，并以具体的需求与措施为依据推动地下水开采方案的合理制订。①

（六）积极推进地下水超采治理

地下水超采治理主要包括以下几个方面。

1. 替代水源工程

目前很多地区仍存在地下水超采严重、咸水入侵严重、水资源污染严重、用

---

① 方良斌.红崖山灌区地下水超采对农业灌溉和环境的影响及对策 [J].农业科技与信息，2007（16）：24-25.

水量成倍增加而节水率较低等问题。随着经济和社会的发展，水资源供需矛盾日益突出，水资源总量不足已成为制约城市发展的主要因素。相关部门可通过雨水集蓄利用、海水淡化等供水渠道缓解水资源供需矛盾。

（1）雨水集蓄利用

在全市范围内的城镇新建社区建设集雨水池、水塘等小型雨水集蓄利用工程，可以有效地收集和利用雨水资源，这些水资源可以用于作物浇灌，也可以作为家庭、公共场所和企业用水；推广雨水集蓄回灌技术，通过城市绿地、可渗透地面、可渗透排水沟等渗透补充地下水，如果条件允许，可以考虑将雨水排入沿途大型蓄水池加以利用，进一步利用雨水资源；推广生态环境雨水利用技术，与天然洼地、公园、河湖等湿地保护相结合，推动雨水利用生态小区的建设。

一是城市雨水直接利用方式，包括以下几种。

①屋面雨水集蓄利用模式。利用屋顶做集雨面的雨水集蓄利用系统具有多种优势。首先，节约饮用水。通过收集和利用雨水，我们可以减少对饮用水的消耗，在家庭、公共场所和企业中，收集到的雨水可以用于浇灌植物、冲洗厕所、洗衣服、冷却循环等非饮用水用途，从而降低对饮用水的需求。其次，减轻城市排水系统和处理系统的负荷。雨水集蓄利用可以减轻城市排水系统的负担，当雨水被收集和利用时，进入排水系统的水量减少，从而降低了排水系统的负荷和处理成本。再次，减少污染物排放量。通过雨水集蓄利用，可以减少进入河流、湖泊等水体的污染物排放量，收集的雨水可以在家庭、公共场所和企业中被循环使用，从而减少了废水排放，降低了对环境的污染。最后，改善生态环境。雨水集蓄利用可以改善生态环境，通过收集雨水并用于浇灌植物，可以促进植物生长，改善城市绿化。此外，减少对地下水的开采可以防止地面沉降，保护地下水资源。

②屋顶绿化雨水利用模式。屋顶绿化是一种削减径流量、减轻污染和城市热岛效应、调节建筑温度和美化城市环境的生态新技术，也可作为雨水集蓄利用和渗透的预处理措施。这种雨水利用模式既可用于平屋顶，也可用于坡屋顶。

③塘洼滞蓄利用模式。对于地下土层的导水系数较小的地区，借助入渗塘洼滞蓄雨水是一种有效的水资源利用方式。低洼地具有天然的蓄水能力，可以用于收集和利用雨水资源。在人口密度较小的住宅区，可以利用低洼地作为雨水收集和利用的场所。这些低洼地可以作为小型蓄水池，收集雨水用于浇灌、冲厕、洗衣等。此外，低洼地还可以作为生态湿地，改善当地生态环境。

对于市区内的低洼地，如果能够进行优化改造并配以适当的引水设施，那么这些低洼地也可以发挥向地下蓄水池或地下水回灌的作用。对于具有入渗性的低洼地，可以将其表层敷设土层更换成透水性强的土层，直接引渗地下，补充地下水。对于已经被"水泥化"的低洼地，可以在其与地下蓄水池之间修建输水沟、渠或输水管，将水直接引入地下蓄水池。

为了使这些低洼地在雨期与无雨期的功能发挥到最优，避免发生利用功能上的冲突，需要综合考虑规划设计。例如，可以在低洼地周围设置植被缓冲带，减少洪峰流量，同时改善水质；可以在低洼地内设置雨水花园或湿地，增加生物多样性；可以设置溢洪口或排水口，确保低洼地在雨季能够顺利排水，避免积水过多造成不便。

总之，利用低洼地滞蓄雨水是一种有效的水资源利用方式。通过优化改造和适当的引水设施，可以使低洼地在雨期和无雨期发挥最大的作用，同时改善生态环境和补充地下水。在规划设计时需要综合考虑多种因素，确保低洼地在不同的气候条件下都能发挥作用。

二是城市雨水间接利用方式，包括以下几种。

①绿地（草坪）滞蓄雨水回补地下系统模式。绿地（草坪）是雨水滞蓄的理想场所，通过改变草坪的高程，可以增加绿地的降雨入渗量，减少径流流失。当然，影响绿地滞蓄雨水的因素有很多，如土壤的入渗率、土壤的初始含水率、植被度、坎高、坡度、降雨量和温度等。土壤的入渗率是指雨水在土壤中渗透的速度，土壤的初始含水率会影响雨水的吸收和渗透，植被度高的绿地可以减少水分的蒸发和流失，坎高和坡度会影响雨水的流动和渗透，降雨量和温度则会影响雨水的供应和需求。

为了提高绿地的雨水滞蓄能力，可以采取以下措施：建设下凹式绿地，即使绿地低于周围地面 5～10 厘米，使屋顶和周围不透水地面的雨水直接进入绿地下渗；增加植被，这可以减少水分的蒸发和流失，提高绿地的滞蓄能力；改善土壤结构，增加土壤的入渗率和初始含水率，可以提高绿地的滞蓄能力；增加坎高和坡度，可以减缓雨水的流动速度，增加雨水的渗透量和滞留时间；建设雨水花园，这种集雨水和花园于一体的设施，可以将雨水收集并利用于灌溉植物和补充地下水。

②河道湖泊拦蓄雨水入渗模式。城市内湖泊和内河等水体不仅有利于美化环境，具有一定的防洪功能，还可以加大地下水的入渗量，回补地下水。湖泊和内河可以结合公园、花园建设形成滞洪湖泊。在环城运河上还可以规划一些橡胶坝，形成一定的水面，即改善城市生态环境和美化城市环境，同时可滞蓄地表径流和雨洪资源，也可使得沿岸地下水得到较为充分的补给。对于环城运河还可以规划建设生态河堤，集雨水利用和生态旅游于一体。

③地下渗井引流入渗模式。利用渗井群系统将屋顶和庭院的雨水引流入渗是一种有效的雨水收集和利用方式。这种系统将雨水通过回填沙砾料的渗沟或透水

管输送到地下，实现分散入渗和集中入渗相结合，不仅不会影响城市的景观，还具有节约土地资源和提高地表空间利用率的优势。

渗井群系统包括渗井和输水管道等部分。渗井是用来收集和储存雨水的，通常建在地下，深度在几米到几十米之间。在渗井内，雨水通过土壤的自然渗透作用逐渐向地下水层渗透，补充地下水资源。输水管道是将雨水从屋顶和庭院输送到渗井的通道。根据实际需要，可以选择回填沙砾料的渗沟或透水管作为输水管道。回填沙砾料的渗沟可以将雨水输送至渗井，而透水管则可以提高水分的输送效率和入渗面积。通过这种方式，城市可以有效地利用屋顶和庭院的雨水资源，减轻排水系统的负担，并且能够为城市居民提供更多生活用水。此外，该模式还可以改善城市生态环境，提高城市居民的生活质量。

（2）海水淡化

考虑到目前海水利用技术，尤其是海水淡化技术的成熟、适用范围的扩大及未来发展趋势的必然性，建议预控海水淡化厂用地，并结合电厂建设海水淡化工程，作为区域内水资源的重要补充，同时还能解决能源问题。海水淡化产生的高浓度盐水，可作为卤水进行利用。

2. 开采井封填工程

掌握各层抽水井分布及水质和水量清单，及时封堵废弃水井，避免因渗漏造成的地下水含水层因为污染而难以恢复的情况出现。严格管控深层地下水的开采，列出取水量排序清单；在无法保障饮用水安全供水量时，需优先限采、停采、清理或取缔一批非饮用水抽水井。很多农村居民使用自备水井及分散式水井作为生活饮用水来源，其水质无法保障，对这一现象的监督管理较为困难，因此建议逐步取缔水质无法保障的自备水井及分散式水井供水，将水质、水量符合条件的水井逐步纳入集中式饮用水源地或建立新的集中式饮用水源地保护区，进行统一管理，保障农村居民饮水安全。

3. 人工回灌工程

人工回灌工程是通过兴建地表水拦蓄工程、雨水蓄积工程、拦河闸坝，并在河道内修复湿地等措施，将汛期洪水转化为地下水，补充回灌地下水源。对于地下水回灌而言，主要包括天然回灌和人工回灌两种方式。

天然回灌是指地下水在重力作用下自然渗透到地下的过程，通常需要较长时间。

人工回灌则通过建立回灌设施，加快渗滤速度，使地下水更快地得到补充。人工回灌工程可以采取多种综合措施，如拦、截、引、调、蓄、渗等。这些措施包括拦蓄利用汛期洪水，将地表水转化为地下水；修建雨水蓄积工程，储存雨水并将其转化为地下水;修建拦河闸坝,调节河道水位,促进地下水回灌;修复湿地等自然生态,增加地下水的自然补给等。人工回灌工程不仅可以有效地补充地下水资源,还可以改善生态环境、提高水资源利用效率、减轻洪涝灾害等。因此,在城市规划和建设中,应该重视人工回灌工程的建设,综合利用各种措施,实现地下水的可持续利用和生态环境的可持续发展。

人工回灌工程的设计需要考虑多个因素,包括实现工程的可操作性、经济节约原则、时间安排、开采量的控制、水质要求以及工程实施后的效益等。

具体来说,以下是人工回灌方案设计应该遵循的原则:①在具体实施过程中,需要考虑到工程的实际操作性和可行性,同时尽可能提高地下水的回灌效率,使引水回灌系数达到 0.6 ～ 0.8。②充分了解和利用各种回灌方式,模拟在多渠道同时回灌补源措施中地下水漏斗的恢复情况,以取得最优的回灌效果。③尽量遵循经济节约的原则,近期不新增大规模的回灌项目,而挖掘已有渠系的潜力。对渠道及河流进行修整和改造,使其具有补给地下水的多重功能。④根据可能的实现时间,对近期和远期回灌分别进行分析和规划。⑤保证回灌水源的水质达到《地下水质量标准》(GB/T 14848–2017)的要求,以免对地下水水质造成污染。⑥保证工程实施后能够满足当地生产生活用水需求,促使工业灌溉用水量进一步提高,同时推动城市水资源布局和工程建设相一致。

第二节　地下水资源水位与水量的双控管理

尽管称呼不同,但研究者对于水位与水量双控管理的理解基本一致,没有太大的争议。具体来讲,可以将水位与水量双控管理定义为,在一定时期内,针对地下水的人工开采和其他因素对水位的影响,设定管理指标,综合考虑并调控,以确保研究区内水资源、生态环境和社会经济系统的协调可持续发展。

基于这一概念,采用科学的管理办法来确定和研究地下水资源水位与水量双控指标,在管理方法中体现地下水位与开采量之间的数学关系,准确描述地下水位反映开采量的过程,并根据区域的约束性水位确定允许开采量。同时可以根据开采状态来推测水位的动态变化情况。管理性要求可以反映地下水允许开采量在不同时间段和情况下的波动范围,但在实现目标的过程中需要根据具体要求和场景的差异使用不同的科学方法解决管理性要求。

一、地下水资源水位与水量双控管理的科学性

（一）水量和水位之间的关系

在《水文地质学基础》一书中，其作者将地下水系统细分为地下水含水系统和地下水水流系统[①]。在特定条件下，地下水系统可以利用其反馈调节机制对系统进行控制，其概念图如图4-1所示。与此相对应，可以建立一个数学模型来描述地下水系统的输入与输出关系，该数学关系可用式（4-1）表示。

$$Y(H,O,t) = F[K,S,X(Q,P)] \qquad （4-1）$$

其中，H 表示地下水系统的状态变量，如地下水位、各种物质浓度等。

O 表示地下水系统的输出变量，如泉流量、基量等。

t 表示时间。

K 表示地下水含水系统的系统参数，如给水度、储水系数等。

S 表示地下水含水系统的结构特征，主要由含水层空间分布、弱透水层或隔水层分布等组成。

Q 表示地下水含水系统可控决策变量，如开采量、回灌量等。

P 表示地下水含水系统非可控变量，如地表水入渗补给量、灌溉回归量等。

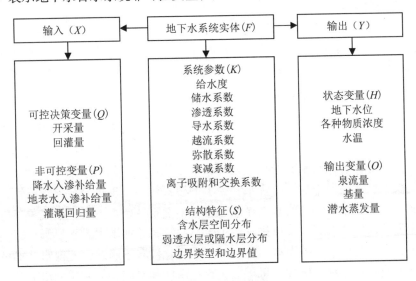

图4-1　地下水系统概念图

---

① 潘宏雨，马锁柱，刘连成 . 水文地质学基础 [M]. 北京：地质出版社，2008.

在仅将水循环系统作为重点考量因素的情况下，地下水含水系统的可控决策变量和非可控变量能够对地下水水位产生影响，而式（4-1）可以改为式（4-2）。

$$h(x,t) = F(K,S,Q',P,O) \qquad (4\text{-}2)$$

其中，$h(x,t)$ 表示某一时刻研究区内某点的水位。

Q' 表示地下水开采量。

在地下水开发过程中，如果其他条件没有发生太大改变，则可以将地下水含水系统的结构参数视为常数，从而将式（4-2）改写为

$$h(x,t) = f(Q',R) \qquad (4\text{-}3)$$

其中，R 表示自然条件下的补给项和排泄项。

根据式（4-3），地下水水量和水位间的关系可以被描述成，在明确了地下水结构并掌握了大量地下水含水系统参数的状态下，某一时间段研究区内地下水开采量 Q' 和在对应的时间段内所记录到的水位 h 之间存在内在联系，可以使用函数关系式来表示。结果的精确度主要取决于以下两个方面。

第一，地下水系统的响应函数。在地下水系统非均质的情况下，可以将地下水系统视为分布参数系统，并使用类似于水流运动方程的函数来描述其响应。这种响应函数可以反映地下水系统的动态变化，包括水流速度、水位变化等，从而提高结果的精确度。

第二，地下水开采量 Q' 和自然条件下补给项和排泄项 R 的值。在一段时间内，地下水开采量 Q' 和自然条件下补给项和排泄项 R 的值都会影响地下水水量和水位之间的关系。因此，为了提高结果的精确度，需要准确测量和计算这些值。

（二）其他要素的影响

水文循环的基础因素，如蒸发、降水、径流等，具有确定性和不确定性这两个特点。确定性主要源于水文循环中的确定性要素，这些要素包括气候类型、地形、地质、植被等，它们对水文循环过程的影响是相对稳定和可预测的。例如，在特定的气候类型和地形条件下，降水和径流的模式往往呈现出一定的规律性，这就是水文循环中的确定性。而水文循环过程中不确定性要素主要包括气象条件的变化、人类活动（如灌溉、城市排水等）、自然灾害（如洪水、干旱等）以及其他可能影响水文循环过程的因素。这些因素的变化性和不确定性使得水文循环过程难以精确预测和控制。例如，每年都会存在汛期和旱期，但具体的汛期和旱期时间、强度以及它们的影响却是难以准确预测的，这就是水文循环中的不确定性。

在各个时间段上，水文基本要素的确定性和不确定性是相互关联的。例如，在汛期，由于降水量增加，径流量也会相应增加，这是水文循环中的确定性。然而，具体的径流量又可能受到其他不确定性因素的影响，如气象条件的变化、地

形条件的变化等，使得我们难以准确预测和控制。

二、地下水资源水位与水量双控管理的原则和要求

（一）地下水资源水位与水量双控管理原则

地下水资源水位与水量双控管理原则就是制定各行政区地下水取水总量控制指标和地下水水位控制指标，据此来合理确定地下水取水工程的布局，制订年度取水计划，严格控制取用地下水，防止地下水过度开发。

（二）地下水资源水位与水量双控管理要求

地下水资源水位与水量双控管理的要求主要可以通过水量管理指标反映出来，该管理指标有两个层面的含义：一是确定研究区域可供利用的地下水资源量，该指标需要满足资源评价的要求；二是确定研究区域内的公共地下水盈余量，该指标需要在实际分配过程中由专业管理人员协助管理部门进行调配，并采用科学的管理方法确定指标并进行利用。

在确定指标的过程中，应充分考虑公益性、福利性和生态性，同时结合当地的经济、社会、生态和政治情况进行综合考虑。设计和管理指标的过程需要追求效益最大化，以实现可持续利用和管理。

三、地下水资源水位与水量双控管理的指标设计

（一）长期水位与水量双控管理指标设计

为了实现长期水位与水量双控管理（以下简称"双控管理"）目标，需要结合地下水可开采量来推动宏观管理指标的制定，并且这些指标可以作为研究区具有长期指导性的管理指标。地下水长期双控管理指标的主要目标是确保研究区域内地下水资源的可持续发展，并根据地下水的不同功能属性进行科学的管理和控制。其中，问题的核心是计算出长时间序列下地下水位与水量之间的关系，以便运用科学的方法确定合理的地下水开采量，从而解决水位和水量双控指标的制定和实施问题。

（二）年度动态水位与水量双控管理指标设计

地下水长期双控管理是实施地下水年度动态双控管理所必须遵守的约束条件，它的目的是制定年度地下水双控指标。在具体操作过程中，地下水年度动态管理能够更加直观地控制区域地下水水位，使管理部门更加高效、快捷地进行数字化管理，方便地方管理机构对该区域进行年度地下水管理和考核。

地下水年度动态双控管理涉及计算管控指标的管理问题，使管理者能够灵活处理指标，推动管理部门的管理效率进一步提高。同时，还需要减少年度内水文要素不确定因素对地下水水位波动的影响，使设定的水位指标能够反映开采量的变化。

（三）两类指标的关系

地下水长期双控管理是以地下水年度动态双控管理指标为基础进行的宏观管理。通过设定长期水量与水位阈值，对年度动态双控管理指标进行约束，确保年度水位指标维持在可持续发展的阈值区间内，从而实现地下水的有效管理。地下水年度动态双控管理指标是长期双控管理指标在特定阶段的具体实施和体现，它是确保长期双控管理指标得以实现的手段。仅依靠长期双控管理指标进行管理无法体现动态管理的要求，因此需要设定年度动态双控管理指标进行阶段内考核和改进，从而进一步完善研究区地下水管理形式，最终实现长期双控管理指标的管理。

第三节　地下水资源污染防治管理

地下水是工农业用水和生活用水的重要来源，对整个社会经济的发展具有关键性作用。地下水作为基础资源，在经济发展和环境循环中扮演着重要角色。若地下水遭受污染，将带来各种负面影响。因此，为了保持经济和生态效益的稳定，必须高度重视地下水资源的污染防治管理，包括预防、治理和管理地下水资源污染[①]。

一、地下水资源污染预防

地下水资源污染预防是指为防止产生地下水水质恶化现象而采取各种措施进行预防的行为，具体预防措施如下。

①对城市的发展与水源地的建设做出全面的规划与合理的布局。制定城市发展规划时应考虑减少城市环境污染和地下水水质的保护。对于可能对地下水造成污染的工厂，应尽量将其布置在距水源地下游较远的地方，或者采用管道排污。在建立新的水源地时，也必须考虑地下水污染的环境条件，如选择城市上游或地下水补给区作为水源地，或选择岩性结构较好、有防污染条件的地方。总之，在

---

① 陈利彬.土壤与地下水污染防治的环境管理对策研究[J].皮革制作与环保科技，2022，3（14）：95-97.

城市建设的整体规划中，必须考虑用环境保护的要求来保护地下水源，防治污染、维持生态是必要的，应对环境保护与经济发展共同进行规划和实施，实现经济、社会和环境的协调发展。

②水体污染的主要原因是污水排放，因此，在减少和防止地下水污染方面，降低排污量至关重要。在实践中，可以从综合利用资源和能源的角度出发，通过企业管理、技术改造、废物资源化以及征收排污费等措施，尽可能地在生产过程中控制污染物的产生。同时，应尽量采用无排放或少排放的工艺，在水的使用过程中实现一水多用、串级使用、闭路循环和污水回用，以最大限度地压缩排污量。此外，排放到环境中的污水必须符合生态环境部制定的标准。

③兴建配套的环境工程，大力开展污水的处理和利用。当前，大量未经处理的污水直接排放到环境中，是环境污染，尤其是水源污染的主要来源。因此，积极进行污水处理和再利用是解决地下水质恶化问题的根本措施。同时，经过处理的污水可以根据其质量有不同的用途，如作为饮用水源、冷却降温水源、农业灌溉水源或用于形成地下水屏障以阻止海水入侵等，从而增加水资源的总量。

④完善下水管道系统，确保其封闭性，这可以防止污水泄漏和异味散发。此外，应隔离污水运输线，这可以确保污水的正确运输和处置，防止污水污染地下水或周围环境。

⑤在向地下深部岩层中处理难以净化的高毒性污水时，必须选择有合适条件的地点，否则会带来严重后果。

⑥选择合适的地点作为工厂处理废水、废渣的场所，最好将这种场所放在城市和水源地下游的厚黏土层区，离地表水体较远之处；废渣、废水排放池的坑底不应低于地下水位。

⑦针对生产过程中存在大量废液和污水泄漏的工厂，应采取各种措施建立防渗幕，以防止污水渗入地下。同时，在地下应建立分层排水设施，将泄露的污水集中排出。如果地下的隔水层埋藏不深，就可以考虑使用环状隔水墙和屏障，将整个工厂与周围的清洁水源隔离开来，并设置排水设备，排除渗入的污水和大气降水。

⑧当取水层位上下或附近有劣质水层或水体分布时（特别是滨海水源地），应当注意由开采地下水所引起的水质恶化问题。根据咸水与淡水接触锋面的移动情况，及时调整开采方案，以防止海水入侵和水质恶化。

⑨在使用污水灌溉农田时，应谨慎选择适合的地区。只有在土壤渗透性较差且厚度较大的地方，才允许使用污水进行灌溉。同时，应加强对污水渠道的监管，严防渗漏情况的发生。此外，还应严格控制污水灌溉的定额，合理控制农药和化肥的使用量。

⑩在矿床开采过程中，需要特别关注尾矿砂堆放地点的水文地质条件。对于毒性较大的矿床，应该在尾矿砂堆放地点使用防渗装置，以避免对地下水造成污染。在处理硫化矿床时，应该注意减少酸性水的产生，即防止硫化物的氧化。

⑪当污水已经渗入含水层并形成了一个污染中心，但尚未扩散到水源地时，为了限制污染物质的扩散和迁移，可以采取堵塞措施或截流装置。堵塞措施包括在地下水污染中心与水源地之间设置防渗墙或防渗幕，这些措施只有穿过整个含水层并直达隔水层之上才能有效阻止污染物质的扩散。如果含水层较厚且隔水层埋藏较深，就不适合使用防渗幕或防渗墙，而应该使用截流装置。截流装置是在污染区与水源地之间设置的排水设备，通过抽水形成下降漏斗，以防止污水向水源地流动。截流装置可以是各种形状（如环状、线状）的孔组或水平排水建筑物。截流装置的位置应通过水文地质计算来确定。当使用截流装置时，应考虑排出污水的处理或净化问题，不允许未经处理的污水任意排放到地表水体中。

⑫建立地下水水质监测网点对于管理地下水资源具有重要意义。通过监测地下水水质，可以了解地下水的污染状况，掌握其变化趋势，从而及时采取相应的措施，防止或减少地下水污染对环境和人类健康产生危害。

在建立地下水水质监测网点的过程中，需要注意以下几点。第一，确定监测范围。根据需要保护的地下水资源的特点和周边环境状况确定监测范围。监测范围应该覆盖所有可能对地下水造成污染的区域，包括工业区、农业区、城市居民区等。第二，选择合适的监测点。在监测范围内选择合适的监测点需要考虑地下水流向、污染源分布、地质条件等多种因素。监测点应该能够反映整个监测范围内的地下水水质情况。第三，确定监测项目。根据当地地下水的特征污染物确定需要监测的项目，如重金属、有机物等，同时需要考虑监测方法的可行性和准确性。第四，建立监测制度。制定合理的监测制度，包括监测频率、监测周期、数据处理和报告撰写等。第五，数据处理和分析。对监测数据进行处理和分析，绘制变化曲线图，掌握地下水污染的变化趋势，同时需要对监测数据进行综合分析，以便更好地了解地下水污染状况。第六，撰写报告和发布。撰写监测报告，分析地下水污染状况，提出治理建议。报告应该清晰明了，内容包括监测数据、分析结果和建议措施等。同时，应该将监测报告向社会公布，提高公众的环保意识和参与度。

⑬防治地下水污染已纳入法制管理体系，应注意对水污染防治法及其他相关法规的严格执行。这些法规是我国政府为了保护水资源、防治水污染而制定的法律规范，是维护水资源安全的法律保障。

为了严格执行水污染防治法及其他相关法规，需要采取的措施有以下几个方面。第一，加强宣传教育。加大对水污染防治相关法律法规的宣传力度，增强公众对水资源保护的意识，促进全社会共同参与水污染防治工作。第二，严格执法。加大执法力度，严厉打击各种违反水污染防治法及其他相关法规的行为，对于违法排污行为要依法严惩，确保水资源的安全和可持续利用。第三，加强监管。建立健全水资源监管机制，加大对重点排污企业和重点流域的监管力度，确保水资源得到有效保护和管理。第四，推进生态修复。积极推进生态修复工作，采取科学有效的措施对受到污染的水体进行治理和修复，促进水资源的恢复和再生。

二、地下水资源污染治理

对已污染水源地的治理措施，应针对引起地下水污染的主要原因、污染途径和当前国家的经济条件来制定。治理地下水污染时首先应切断污染源，防止污染物继续进入，其次考虑采取下列一些治理措施。

（一）人工补给

在某些地区，由于过度开采地下水，地下水水位持续下降，这也会对地下水水质产生负面影响。当自然界的水动力和水化学平衡被破坏时，污水可能会直接或间接地流入并污染含水层。在含水层逐渐被疏干的过程中，含水层由原来的封闭还原环境变为开放的氧化环境，这会导致地下水中的矿化度、硬度和铁、锰离子浓度增加，同时 pH 值降低。为了恢复和保持地下水位，扩大地下水资源的储存量，人工补给地下水是最直接和最有意义的手段。

人工补给是指通过特定的措施将地表水导入地下含水层，以解决地下水资源短缺的问题，并增加地下水的储量。在实施人工补给的地区，回灌水能够显著加速被污染地下水的稀释过程和净化过程。此外，回灌水还有多种效益，包括阻止污水进一步渗入地下、调节水温、保持取水设施的稳定出水能力，以及防止地面沉降和地震等。

1. 地下水人工补给的基本条件

（1）水文地质条件

一个地区能否进行人工补给，首先取决于有无适合的水文地质条件。含水层的容积、透水性、埋藏浓度、储水性能、排泄条件等都直接影响地下水人工补给的效果。如果一个含水层可利用的容积不大，或补给的水很快就流失或排入附近河道沟谷中，这样的含水层就不适于进行人工补给。试验表明，人工补给含水层的厚度一般以 30～60 米较好，含水层产状应平缓且分布广泛，透水性能中等，由松散堆积物或裂隙岩层构成，这样的岩层中补给的水不会很快流失，岩层也能充分净化水质欠佳的补给水。因此，在这样的条件下进行人工补给，可以取得最佳效果。

（2）可靠的补给水源

要人工补给地下水，就要有可靠的补给水源。多数情况下补给地下的水来自河水及水库水，在水质或水量上不能满足要求时，也可以利用汇集的大气降水、经过处理的某些污水作为补给水。选择补给水源时，在水量上一定要有保证，水质也要特别考虑，补给水的化学成分对补给效率和补给后的含水层水质都将产生重要影响。

（3）显著的经济效益

在制订地下水人工补给方案时，必须与其他解决水资源问题的工程方案相比较，判断其在经济上的可行性。不仅要考虑增加单位水量的工程投资，还应考虑工程运转后水的成本对比，以及综合收益情况和对环境产生的影响。

2. 人工补给水的水质要求

人工补给时，回灌水的水质要随目的、用途及所处的水文地质条件而定。一般来讲，若补给水用于工农业生产，水质标准可以要求低些；如果补给水将用作生活饮用水，那么对水质的要求不能降低。对自净能力强的含水层来说，补给水的水质可以稍差一些，但事先要做试验以证明哪些污染物经自净后含量可以降低或为零。人工补给水水质一般应满足下列条件。

第一，人工补给后不能引起区域性的地下水水质变坏或受污染，因此补给水水质应比被补给的含水层好，特别不能含有有害成分。

第二，补给水中不应含有腐蚀性气体、离子及微生物等；悬浮物的含量也不能过高，必须控制在 20 毫克／升以下。

第三，补给水的温度将影响其在地层中的渗透速度和过滤速度，水温的变化也能引起地下水中的某些化学反应或促使微生物繁殖。人工补给水的最佳温度为 20°C 到 25°C。

第四，补给水 pH 值的变化可引起某些成分的溶解或沉淀，并刺激生物繁殖，实验表明补给水的 pH 值最好在 6.5 和 7.5 之间。

目前对于人工补给水的水质尚无统一标准，但采用低浊度、低铁、低溶解氧、无细菌和无有害成分的水作为回灌水是较为理想的。

3. 地下水人工补给的方法

只有合理地选择人工补给的方法才能保证入渗补给快、占用土地少、工程投资小，并使回灌水量在较大面积上分布均匀，充分起到净化地下水的作用。主要有以下两种方法。

（1）地表入渗补给法

这是一种利用河床、水库、渠道、天然洼地或农田灌溉等途径来储存和补给地下水的方法。通过利用地表水和地下水之间的天然水头差，使地表水自然渗透到地下水层中，从而补充地下水。地表入渗补给法的优势在于，它可以因地制宜地采用简单的工程设施和较少的投资获得较大的补给量。此外，这种方法相对容易管理和便于清淤，可以保持较高的渗透率，从而有效地补充地下水。

然而，地表入渗补给法也存在一些缺点。首先，这种方法需要占用较大的土地面积，对于一些土地资源紧张的地区来说，可能会对当地的生态环境造成一定的影响。其次，这种方法受到地质、地形条件的限制，不同的地质条件和地形特征会对地表入渗补给的效果产生不同的影响。此外，在干旱地区，补给水可能会因蒸发损失较大，从而导致补给效果不佳。最后，如果管理不当，地表入渗补给法可能会造成附近土壤盐渍化、沼泽化或危害工程建筑基础等问题。因此，在应用这种方法时，需要充分考虑当地的环境条件、地质状况和管理情况，以确保其安全有效地进行。

此外，地表入渗法在使用上应具备一定的条件。

首先，该方法主要适用于地形平缓的山前冲积扇、山前洪积扇、平原的潜水含水层分布区，以及某些基岩台地和岩溶河谷地带。许多地面入渗的经验表明，地面坡度与地面水的入渗速度成反比，最适宜的地面坡度为 0.002 ～ 0.040。

其次，接受补给的含水层需分布面积较大，应有较大的孔隙及孔隙度，透水性中等，并有一定的厚度。对于砂质含水层来说，厚度为 30 ～ 60 米最佳。

最后，补给区包气带土层应具有良好透水性，如沙、砾石、亚砂土、裂隙发育的基岩等，厚度以 10 ～ 20 米为宜。当包气带为弱透水岩层时，其厚度最好小于 5 米。

地表入渗法便于将大量地表水补给地下，是目前国内外使用最广泛、最成功的地下水人工补给方法。例如，北京市由于多年的超量抽取，地下水资源几乎枯竭，后来在北京市西郊地区采取各种人工补给方法把地表水转为地下水，不仅增加了地下水的储量，而且使地下水的硬度明显减小。

（2）诱导补给法

该方法是一种间接的地下水人工补给方法，即在河流或其他地表水附近开凿抽水井，在抽取地下水的同时，使地面水与地下水间的水位差不断加大，导致地表水大量渗入补给含水层。这种方法的效果除与地层的透水性密切相关外，还同抽水井与地表水体间的距离有关，距离愈近诱导补给量愈大。但为了保证天然的净化作用，抽水井应与地表水体保持一定距离，且水源井一般位于区域地下水流下游一侧比较有利。

（二）物理化学处理

1. 原位化学氧化／还原技术

原位化学氧化／还原技术是通过注入设备向土壤或地下水的污染区域注入氧化剂／还原剂等化学制剂，使化学制剂在地下扩散，与土壤或地下水中的污染物接触，通过氧化／还原反应，使土壤或地下水中的污染物转化为无毒或低毒的物质，从而有效降低土壤和地下水污染的风险。原位化学氧化／还原技术的优点有以下几点：可去除多种污染物；修复周期短，效率高；水相、吸附相和非水相的污染物可以被转化，能促进污染物解吸。

原位化学氧化／还原技术按注入方式可分为注入井注入、直推式注入、高压旋喷注入和原位搅拌等。

原位化学氧化／还原系统的组成包括药剂配置单元、药剂注入单元、监测单元等。其中，药剂配置单元一般由药剂罐、搅拌机构成，当氧化剂为臭氧时，药剂配置单元为臭氧发生器。药剂注入单元一般由注药泵和注入井组成，直推注入方式的药剂注入单元由直接推进式钻机、注射泵等组成；高压旋喷方式的药剂注入单元由高压注浆泵、空气压缩机、旋喷钻机、高压喷射钻杆、药剂喷射喷嘴、空气喷射喷嘴等组成；原位搅拌方式的药剂注入单元由搅拌头或搅拌桩机、挖掘机等组成。监测单元由监测井、地下水采样监测设备组成。

原位氧化／还原的工艺流程：通过小试／中试确定注入药剂配方，筛选确定注入方式、影响半径和注射深度，确定点位布设；制备药剂后，利用药剂注入单元向目标污染区域的土壤或地下水中注入药剂，通过监测注入井或注入点的压力、温度等参数进行药剂流量控制；药剂注入后需开展运行监测，自检达标后进入下一阶段修复工作或修复效果评估环节。

2. 气提处理技术

气提处理技术是一种利用加压空气通过受污染地下水或地表水，将有害物质移除的方法。导入的空气使得污染物质由液态转变为气态（挥发），随后一起被后续处理设备收集并清洁。气提处理技术通常用于处理受污染的地下水。气提处理技术使用一种被称作"气提设备"的装置，强制空气通过受污染的水体。气提设备通常包含一个充满物质，由塑胶、不锈钢或者陶瓷制成的处理槽。受污染水体由泵打入处理槽中，并且均匀喷洒于填充物质上。喷洒的水滴形成细水流，往下流过填充物质的空隙，同时处理槽底部利用风扇将空气由上往下导入。

当空气通过细小水流时，水中的污染物质会挥发出来，空气和污染物质继续往处理槽上部移动，最后由空气污染控制设备收集并净化。细小水流在填充物质中分散的越均匀，空气就能通过越多的水流，就越能将更多的有害物质挥发出来。细小水流到达处理槽底部后被收集、检测，确认是否被处理干净。若污染物质浓度仍然较高，污染水体可重复打入同一处理槽或另一处理槽，或者使用不同的处理方法另行处理。不同提气设备的尺寸与结构差异颇大，某些设计是将强制空气横向流过处理槽而非由下往上，但总体来看，这些设计都是依赖细小水流在通过槽内空气的同时，将污染物质挥发出来。通常，气提设备必须依照该污染场址有害物质种类和数量进行特别设计。

气提处理技术使用上相当安全。气提设备可被送至污染场址，受污染水体须转运至处理场。由于受污染水体进行清洁时存在于处理槽中，干净水体不会被污染。气提后产生的污染空气必须加以净化。气提处理后的干净水可回送至现场。

气提处理技术的影响因子主要有四个方面，即污染水量、有害物质种类与数量、水体可被泵送的速率、使用的气提设备数量。一般而言，依据污染场址情况的不同，净化时间或许会耗时数年。

气提处理技术最适用于含有易挥发污染物质（如染料与溶剂）的受污染水体，若设计适当的话，处理此类污染物质的去除率可达 99%。气提处理技术不能去除金属、多氯联苯（PCBs）或其他无法挥发的污染物质。气提设备很容易在现场组装并且维护方便，此技术已使用于数百个污染场址。

3. 地下水除铁锰技术

地下水除铁锰技术是向抽水井周围的含水层注入氧气来形成高压氧化还原电位和高的 pH 值，利用这些条件使铁锰离子发生氧化反应并沉淀析出的一种方法。

其原理为，向井中注入富含氧的水中不含铁锰离子，因而 Fe^{2+} 在距抽水井较远处即可被较低的氧化还原电位氧化为 Fe^+ 而沉淀下来。在抽水和注水循环过程中，地下水中的微生物也会繁殖，相应的微生物死亡量也会增大，死亡微生物遗体提供了大量有机碳，又可促使一种能氧化分解锰的微生物生长，因此，沉淀去除锰的作用一般发生在抽水井附近的高 Eh 值区域。显然该方法形成的物理、化学及生物条件是先去除污染含水层中的铁离子，然后再去除锰离子。

从地下抽出的污染地下水并不能直接用于回灌，而应经过专门处理之后才能输给注水井。净化含水层时周围一般设有多个抽水井，而每个抽水井的四周又被多个注水井包围起来，抽水井和注水井的总数量应由水文地质条件和污染物的浓度来确定。所有抽水井和注水井都用管道系统联结在一起，并与曝气装置和氧气输入装置相接。抽出的地下水先在地表进行净化，将所含的污染物去除并收集起来，然后再曝气并输入氧气，经过上述过程处理后才输向注水井进行回灌。

4. 臭氧分离法

这是一种利用臭氧处理污染含水层的方法。向含水层中注入臭氧可以促进分解石油的微生物的生长，从而减少溶解性有机碳（DOC）的含量。同时，臭氧还可以促进氧的分解。

5. 活性炭吸附法

活性炭吸附法是指在已污染的地下水体内打净化井，井中投入粒状活性炭进行吸附的一种方法。由于污染水体分布面积较大、水量较多，利用此种方法往往难以见效，而且成本也高，目前尚处于试验研究阶段。

6. 高锰酸钾清除砷

德国曾用高锰酸钾作为氧化剂来清除污染含水层中的砷。污染源是一个锌矿矿渣堆积场，地下水中砷的本底值为 0.01 毫克 / 升，遭到污染后 As^{3+} 的浓度为 1 毫克 / 升，砷的浓度为 0.1 毫克 / 升，局部位置砷的最高浓度可达 56 毫克 / 升。由于 As^{5+} 与 C^{2+} 和一些亚离子形成的化合物溶解性很小，因而在氧化条件下所产生的大量 As^{5+} 的化合物就会从地下水中沉淀出来。在六个月的净化过程中，通过孔眼注入井将 29 吨的高锰酸钾投入含水层中，第二年地下水中砷含量已降低到 0.06 毫克 / 升，然而以后两年又升到 0.4 毫克 / 升。这也说明含水层的净化只是暂时的，最根本的措施还是清除污染源和上部被污染的土层。

（三）原位微生物修复技术

地下水原位微生物修复技术是通过多种方法刺激含水层中土著降解菌的生长、繁殖，或人为向含水层中注入外来的人工培养的特定降解菌群来降解、去除污染介质中的有机污染物的一种方法。重金属污染物不能被生物降解，但可通过微生物的转化作用而降低毒性。原位微生物修复技术具有对环境扰动小、处理费用较低且有持续性效果等优点。

降解菌对有机污染物的降解分为好氧生长代谢、好氧共代谢、厌氧生长代谢、厌氧呼吸代谢和厌氧共代谢五种。其中，好氧生长代谢降解被广泛应用于多种有机物（如苯系物、石油烃、多环芳烃、硝基苯类、苯胺类、低卤代苯类和低卤代烷烃 / 烯烃等）的去除，其他四种降解途径可以用来修复高卤代苯类、高卤代烷烃 / 烯烃和多氯联苯等污染物。

原位生物修复技术可分为生物曝气、生物刺激和生物强化三种。生物曝气利用注入井向饱和带引入空气（或氧气），强化生物降解来消除污染物。该方法与地下水曝气相似，但它的气流速率比较低，可用来加强生物转化、减少挥发。注入的流速依据饱和带微生物降解的需要来定，生物曝气技术已在石油泄漏场地成功应用。生物刺激是指向污染含水层中注入特定的营养物，提高土著微生物的数量、种类和活性，提高土著微生物降解污染物速率的方法。生物刺激所利用的营养物有碳、氮、磷、钾、钙和镁，主要用于去除石油污染物，也用于去除其他有机污染物，如三氯乙烯等，也可与其他方法组合应用。生物强化通过把培养的优势降解微生物和营养物注入污染含水层中来加速消除目标污染物。在实际应用中，上述三种技术可以单独或组合使用，也可以与其他技术进行组合。

原位微生物修复的成本主要与地块大小、污染物特征与数量、水文地质条件等因素有关。这些因素会影响设井数量、营养盐添加量与修复所需的时间。影响原位生物修复周期的最主要因素是生物降解速率和污染物的生物可降解性，但有时限制修复效果的不是生物因素，而是脱附速率，即可能是吸附性较强的污染物在修复效果上的制约因素。因此，对修复周期的估算必须进行全面的整体评估。另外，修复目标设定的污染物浓度也是重要的影响因子。污染物修复目标值越低，修复周期越长。原位好氧生物修复法修复周期为数十天至数月；原位厌氧生物修复法修复周期为数月至两三年。

典型的原位微生物修复工程是在室内小试和现场中试的基础上，根据获得的参数建设原位微生物修复系统，该系统一般是利用水井抽取污染的地下水，进行必要的过滤或处理，然后添加电子受体（或供体）和营养物质，再通过回注井注入污染源的上游，形成地下水动态循环。经过一段时间的运行与维护，当地下水中污染物浓度降低到修复目标值以下时，则可进入效果评估阶段。

（四）其他方法

1. 污水灌溉

由于土壤具有天然的过滤作用，利用被污染的地下水进行灌溉可以增加农业产量，同时土壤对污染物的吸附也能够净化污水。通常，被污染地下水中的有害物质浓度并不高，不会对农作物造成污染。大量抽取被污染的地下水进行灌溉可以促进污染水的循环交替，增强净化效果。然而，必须注意土壤的自净能力、污染水内有害物质浓度和灌溉方式、灌溉制度等，以防止土壤发生毒化而带来相反的效果。

2. 抽出处理

抽出处理技术是一种将污染地下水抽出进行异位处理的地下水污染修复技术。该技术针对地下水污染范围，建设一定数量的抽水设施将污染地下水抽取出来，然后利用地面处理设施处理。处理达标后可排入公共污水处理系统、环境水体，进行水资源再生利用或在原位进行循环使用等。抽出处理技术是应用最广泛的地下水修复技术之一，该项技术成熟且具有较多经验与案例可以参考。该技术可有效控制污染源、污染羽于捕获区内，缩小扩散范围，快速去除大部分污染物。现阶段，受污染地下水抽至地表后的处理技术已经成熟。此外，该技术可联合其他多种修复技术进行处理，增强地下水修复效果。

抽出处理技术可应用于污染源削减、污染羽控制、污染羽修复等不同方面。污染源削减是采用抽出处理技术实现污染物的大幅削减，或者达成修复目标。污染羽控制是采用抽出处理技术开展水力控制，对污染羽进行捕获，阻止污染羽的进一步扩散。污染羽修复是采用抽出处理技术实现污染羽的污染削减，并最终达成修复目标。在修复模式下，抽出处理技术可应用于修复前期地下水中高浓度污染的削减、地下水污染整体修复治理等不同情形。

抽取污染的地下水和确定井位是一个复杂的问题，采用下述的简单方法和步骤就可避免工作中的错误判断：在进行净化前应确定污染源已被排除掉或限制住，之后再进行含水层净化才是有意义的；制定的净化标准首先应是现实可行的，被污染的地下水体只有在某个浓度等值线内才能划归到净化抽水井的截获带内。

假定含水层的污染带已被查明确定，某些化学物质的分布状况也已弄清，地下水的流向及流速也已知，之后就可按下述步骤进行。

第一，准备一张与上述系列曲线同比例的地图，图上应标注地下水流向、化学物质最大允许浓度等值线等内容。

第二，把经过加工的地图叠置在单井抽水时取不同井的抽水量 / 含水层厚度 × 地下水的渗流速度（Q/Mv）值所绘制的系列截获带边界曲线上，使两张图上的地下水流向保持平行。移动浓度等值线，使闭合的等值线完全包括在某一标准曲线范围内，读出这标准曲线的 Q/Mv 值。

第三，因含水层厚度 M 和地下水的渗透流速 v 为已知，按照所读的 Q/Mv 值便可计算出口值。

第四，如果井的设计抽水能力可以达到上面所计算的 Q 值，说明一眼井就能完成该含水层的净化抽水工作，应建立的抽水井位置正好是曲线上的井点在地图上的投影。

第五，如果一眼净化抽水井不能达到所要求的抽水量，则需设置两眼抽水井，在两眼井净化的系列标准曲线上重复上述步骤来确定抽水量及井位，依次可类推到第三、四眼井及更多井的规划过程。但应注意两眼以上井抽水时的干扰作用，井位除按同比例尺地图及标准曲线选置确定外，井距 d 还应按公式 $2d=Q/Mv$（对两眼净化抽水井）和 $d=1.2Q/Mv$（对三眼及三眼以上井群）来进行验证。

第六，确定注水井的位置，如果抽出的污染地下水经处理后要重新注入含水层，那么仍可按上述步骤第一、二进行，但在绘有化学物质最大允许浓度等值线的地图上，地下水流向应同标准曲线上的天然地下水流向保持平行，但方向相反。注水井应位于浓度等值线范围之外，靠近地下水天然流向的上游方向，这样也能确保最大允许浓度等值线范围内所有被污染的地下水都会由抽水井排出。

注水井的存在会增大地下水的水力坡度，使地下水流速变大，有助于缩短抽水净化时间。这种技术的缺点是当污染带延续的距离很长时，在最上游方向的尾部水体流动相对较慢，清除这部分水体必定要花较多时间。为解决这一矛盾，当抽水延续一段时间后，可将抽水井位置向地下水流的上游方向移动，在原抽水井与污染带尾部的中间位置另开净化井抽水。

三、地下水资源污染管理

（一）行政管理

第一，建立水环境管理的行政机构，负责制定区域、流域、水域的各种水环境保护政策、方针、法令、标准和制度。

第二，编制区域、流域、水域各种水资源保护和利用的总体规划，合理安排水资源分配，制定水污染控制规划和措施。

第三，建立水环境管理的监测机构，形成分级监测网络系统。

第四，制定并实行取水、用水、排污许可证制度，以确保取用水源、污水排放等环节得到有效管理，从而避免任意开采地下水、任意用水、任意排水等行为出现。

（二）经济管理

1. 实施水资源收费制度

所有使用水资源的单位和个人均需根据水质、用水量、水的开发和处理成本，以及水的环境经济价值支付相应的水费。对于超出预定配额的用水量，需要额外收费，以鼓励节约用水。

2. 推行废水排放收费制度

所有排放废水的单位和个人均需根据废水的水质、排放量、处理成本、对环境的危害性以及废水再利用的价值支付相应的废水排放费用。对于超出排放标准的废水，还需要缴纳额外的费用。在实际生产中应努力减少废水产生量和污染物的流失，降低污染浓度，改变不合理的排污方式，促进工艺改革，循环利用水资源。

（三）法律措施

第一，建立和完善环境保护与水质污染防治的相关法律、法规和条例，并严格执行。

第二，根据环境容量，对工矿企业的污水排放实施"总量控制"和"有害物质排放标准"的严格控制。

第三，建立地下水水源地的卫生防护带。

第四，加大执法力度和监督力度，严肃处理违法、违章行为，并逐步建立管理、保护和治理水资源的执法体系。

第五章　地下水资源的可持续管理

随着人口的增长和经济的发展，地下水资源面临着越来越大的压力。为了保障地下水资源的长期稳定供给，必须采取可持续管理措施，这对于保障人类社会的发展具有重要意义。当前，需要采取有效措施应对地下水资源管理面临的挑战，实现地下水资源的可持续管理。同时，还应该借鉴成功的管理案例，不断完善和优化可持续管理措施，为未来地下水资源的管理和发展提供有力支持。因此，本章围绕地下水资源管理与可持续发展的联系以及我国地下水资源可持续管理的对策展开研究。

第一节　地下水资源管理与可持续发展的联系

一、地下水资源管理保障人类社会可持续发展

虽然地下水资源是一种可更新且可再生的资源，但从水循环速率的有限性来看，它仍然是有限可再生资源。如果人类过度开采地下水，导致地下水储量迅速减少并难以恢复，这将会引发一系列不利于人类可持续发展的后果。国内外都有很多相关的经验教训。因此，在从地下水系统中提取地下水之前，必须认真考虑如何保持地下水资源的可持续利用。

联合国环境与发展大会（1992）所倡导的"可持续发展"概念指出，当代人类的发展必须留下足够数量的自然资源和足够良好的生态环境，以满足后继人类生存和发展的需求①。这种可持续发展的概念强调了当代人与后代人之间的道德关系。根据这一道德指引，人类今天的水资源开发不能导致后代陷入严重的水资源短缺困境和生态环境困境。

实际上，可持续发展必须强调当代人与人之间的道德关系，也就是一个地区

---

① 李令跃，甘泓. 试论水资源合理配置和承载能力概念与可持续发展之间的关系 [J]. 水科学进展，2000（3）：307-313.

的发展不能损害其他地区的自然资源和生态环境。随着经济全球化不断发展，不同地区间的发展相互影响、相互制约。如果某个地区利用自己的优势发展，但破坏了其他地区的自然条件，那么最终也会受到制约。因此，为了实现可持续发展，必须加强地区间的合作，努力实现互利共赢的目标。

根据这一道德指引，一个流域上游地区的水资源利用必须考虑中下游地区发展所需要的水资源。这种上下游人类发展之间的关系正是目前流域水资源开发面临的重要问题。

根据上述两个原则，地下水资源的可持续发展指的是，一个地区在开采利用地下水资源时，既要保持本地区可持续发展所需的地下水资源存量，以避免出现严重的生态环境问题，又要确保该地区的地下水资源开采不会对地表水资源造成持久性破坏，或影响相邻地区的地下水资源需求。如果一个地区的地下水开采总量和开采方式都能满足上述两个原则，那么就达成了可持续利用的目标。否则，该地区就存在过度开采地下水或地下水开采方式不合理的问题。

地下水资源管理与可持续发展密切相关。可持续发展的核心是实现经济发展、社会进步和环境保护的协调统一。在实现可持续发展的过程中，必须考虑自然资源的合理利用和生态环境的保护。地下水资源是重要的自然资源之一，其管理与可持续发展密不可分。

首先，地下水资源的管理是实现可持续发展的重要保障。通过科学合理的开采和管理，可以保证地下水资源的可持续利用，满足人类生产生活的需要。

其次，地下水资源管理还直接关系到生态环境的保护。一些地区的地下水资源污染严重，直接影响到当地的环境质量和生态平衡。加强地下水资源管理可以有效地保护生态环境，维护生态系统的平衡。例如，在工业生产方面，一些企业已经开始重视地下水资源的节约和循环利用。某些印染企业采用了染色工艺的优化技术，减少了用水量，降低了废水排放量；一些企业还采用了废水处理和循环利用技术，使废水得到充分利用，减少了地下水资源的浪费，还有效地保护了生态环境。

综上所述，科学合理的地下水资源管理可以保障人类社会的可持续发展，促进经济、社会和环境的协调统一。在全球范围内，各国（地区）应加强对地下水资源的保护和管理，采取可持续发展的策略，确保地下水资源的可持续利用。在实际工作中，应充分考虑地区差异和具体国情，因地制宜地制定管理措施和政策法规。同时，应加强国际合作和经验交流，共同应对全球地下水资源面临的挑战。

二、地下水资源管理促进地下水资源可持续发展

可持续发展是指满足当代人的需求，同时不损害未来世代满足其需求的能力

的发展。对于地下水资源管理而言，可持续发展意味着在利用地下水资源的同时，要保障其可持续利用，避免对环境造成不可逆的影响。

地下水资源的可持续利用是实现可持续发展的重要方面。通过合理配置和有效保护地下水资源，可以确保其在生态和经济上的可持续利用。例如，采取地下水限采措施，防止地下水过度开采；开展地下水回灌工程，增加地下水补给量等。

由于地下水资源的不可替代性，控制地下水污染是地下水资源管理的重要任务。通过采取排污控制、污染源治理等措施，可以有效减少地下水污染，保障地下水资源的可持续利用。

建立健全的地下水管理体系是实现地下水资源可持续发展的关键，这些措施包括加强地下水监测、提高水资源利用效率、推广节水技术等。此外，还需要加强相关法规的制定和执行，以确保地下水资源管理的有效进行。

第二节　我国地下水资源可持续管理的对策

没有一个完善和高效的水资源管理系统，就难以实现水资源的可持续发展，继而造成水资源浪费。多年来，虽然我国的水利事业取得了举世瞩目的伟大成就，但是水资源的管理一直是薄弱环节，仍需加强水资源的可持续管理。

一、建立可持续管理的制度保障

实施地下水资源可持续管理需要采取有力的保障措施。这包括建立具有权威性、高效性和协调性的水资源管理体制，加强法治建设以规范水事行为，推行合理的经济政策以发挥市场对地下水资源配置的基础性作用，以及运用科技手段提高地下水资源管理的技术水平。确保地下水资源的合理开发、高效利用、综合治理、有效保护、优化配置和全面节约，是促进社会经济可持续发展的重要手段和有力保证。

（一）建立合理的水资源可持续管理机制

首先，统一管理。应尽快建立健全有力的水资源统一管理体系。一些国家的大部分城市都存在"多龙治水"的现象，即不止一个机构涉及对水资源的管理，从而造成职责上的模糊与重叠，这往往给地下水的一体化管理造成障碍。

尽管我国在机构改革新"三定"方案中明确了水利部作为国家空中水、地表水、地下水统一管理的水行政主管部门，但真正实现水资源的统一管理仍需要克服许多困难。在斯里兰卡，水资源管理涉及三个部门，它们之间缺乏合作与信息共享，一旦出现问题，更多的是互相推卸责任。因此，实现水资源的统一管理需要解决多部门之间的协调、考虑流域特性、加强信息共享等多方面的问题。

此外，我国的水资源管理也一直是多头管理：农业的用水由水利部门管理，城市的供水由城建部门管理，水质主要由生态环境部管理，有些财政、交通、电力、林业、建设、国土资源等部门也参与水资源管理。这种现象导致资源开发的无序和混乱，阻碍了再生水的有效利用以及相关规划的顺利实施。此外，各部门之间缺乏统一的开发利用方针和目标，导致政策法规、技术标准、定额体系和统计数据等方面各自为政，严重制约了水资源的可持续利用和经济的可持续发展。

其次，加强领导，明确职责。各级地方政府要充分认识地下水超采的危害性和治理的紧迫性，要把对地下水超采区的控制和治理列入本地区实施可持续发展战略、改善生态与环境的重要议事日程，省级人民政府要对超采区的治理工作负总责，实行地方人民政府目标责任制。

水行政主管部门应加强对超采区水资源的统一管理。为此，水利部需负责开展全国地下水超采区治理工作，包括制订各阶段行动计划、检查和监督治理工作的目标落实情况。流域管理机构则需负责组织跨省级行政区超采区的划定，指导编制流域内各省、自治区、直辖市地下水超采区治理规划，并协调、监督跨省、自治区、直辖市地下水超采区治理工作。同时，省级人民政府水行政主管部门应负责组织本行政区域地下水超采区的划定和报批工作，制定地下水超采区治理规划并负责实施。各有关部门要密切配合，做好地下水超采区控制和治理的有关工作。

最后，健全机制，保障投入。县级以上地方人民政府应当将地下水超采区治理纳入本级国民经济和社会发展计划，加大资金投入，确保资金落实。地下水超采区治理工程建设资金应遵循以地方为主、中央适当补助的原则，多渠道筹措。各有关部门要采取有效措施，支持地下水超采区治理工程建设工作。

（二）加强水资源可持续管理的体制建设

目前，水资源管理机构和体制方面存在诸多问题，如各部门之间和各地之间分散管理。由于管理分散，不仅不能按照自然规律和经济规律科学地用水和治水，还经常造成不应有的矛盾和损失。因此，必须建立责权统一的水资源可持续管理体制，实现城市和农村、工业和农业、地表和地下、上游和下游、区内和区外、水量和水质的统一管理。

（三）加强水资源可持续管理的规划

相关部门应根据当地水资源状况，结合社会发展现状，组织多种学科的科技人员，经过研讨和论证，科学地制定近期水资源规划和中长期水资源规划。规划制定应按照一定的规程，避免某些方面的偏差而带来不良后果。

水资源是地球上不可或缺的资源之一，它支撑着人类的生存和发展。然而，随着全球人口的增长和气候的变化，水资源短缺和水资源污染的问题日益严重，给人类的生存和发展带来了极大的挑战。因此，做好可行的水资源规划是至关重要的。

当前的水资源状况并不乐观。全球的水资源总量是有限的，而随着人口的增长和经济的发展，水资源的需求量却在不断增加。同时，水资源的分布不均衡，一些地区的水资源丰富，而一些地区的水资源却十分匮乏。此外，水资源的污染问题也日益严重，给人类用水带来了极大的挑战。

水资源规划是解决水资源短缺和水资源污染问题的必要手段。水资源规划的主要目标是实现水资源的合理配置和高效利用，以满足人们的生活需求和经济需求。

水资源的管理体制机制对于水资源规划的实施至关重要。政府应加强对水资源的管理，完善相关的政策法规，建立科学有效的水资源管理模式。此外，政府还应加强对水资源的监督，确保水资源规划的顺利实施。

二、加强水资源可持续管理的立法建设

我国现行与水资源管理、水资源可持续利用和发展相关的法律法规主要包括，《中华人民共和国水法》《取水许可和水资源费征收管理条例》《地下水管理条例》《节约用水条例》《城市供水条例》等。这些法规的制定和实施为我国水资源的安全和可持续发展提供了重要的法律保障。

目前，水法规建设随着市场经济体制的建立而不断完善。依法管理的一个重要环节是全面实施取水许可证制度。这是体现国家对水资源实行权属管理的一项基本制度，是所有权的一种体现，也是用水管理走向法治的重大步骤。只有对取水实行登记、发放取水许可证，完善用水计划，实行用水管理，做好用水统计，才能建立起一个以权属管理为中心，关系协调、良性运行，对水资源开发利用和保护全过程进行动态调控的水资源管理体系。

因此，要真正做到依法管理需要在以下三个方面加大力度。

①加大水资源法规宣传的力度，增强全民的法治意识。

②加大有法必依、违法必究的执法力度，大力查处各种违反水资源法律法规的事件。

③加大完善水法规体系的立法力度，增补各种涉水法规，以保证水资源管理真正纳入法治体系。

三、加快地下水资源管理的信息化建设

（一）地下水资源管理信息化的意义

传统的地下水资源管理方式存在着很多问题，如信息获取不及时、数据精度不高、管理效率低下等。因此，地下水资源管理信息化成了现代社会中一个亟待解决的问题。

地下水资源管理信息化是指利用现代信息技术，对地下水资源进行动态监测、数据采集、数据分析、科学管理和规划，实现地下水资源的合理开发、高效利用和有效保护。地下水资源管理信息化的意义在于以下几点。

①提高管理效率。通过信息化手段，可以实现对地下水资源的快速监测和数据采集，能够及时获取数据，并提高数据的精度，避免传统方式中的延误和人为误差。

②优化资源配置。通过对地下水资源的数据进行分析，可以更好地掌握区域内的地下水资源分布情况和储量情况，为合理开发利用地下水资源提供科学依据，避免浪费和过度开采。

③提升防御能力。地下水资源信息化管理可以实现对地下水资源的实时监测和预警，对于可能出现的地质灾害和环境问题及时发出预警，提高应对自然灾害的能力。

地下水资源管理信息化的实现途径如下。

①建立信息化平台。通过建立信息化平台，整合各类地下水资源数据，实现数据的共享与应用，同时可以与其他水利数据实现互联互通，更好地满足管理和决策的需要。

②完善数据采集和监测系统。通过建立完善的数据采集和监测系统，实现对地下水资源的动态监测和数据采集，提高数据的精度。

③推进数据分析技术的应用。利用大数据、人工智能等技术对地下水资源数据进行深度分析，为科学管理和规划提供更加可靠的依据。

总之，地下水资源管理信息化是未来水资源管理的重要方向，信息技术的广泛应用和不断创新将会不断提高地下水资源的管理水平和服务能力，更好地满足人类社会的发展需求。

（二）地下水资源管理信息的可靠性

尽管可靠的信息是科学决策的基础，也是制定有效政策和执行有效管理的关键，但地下水资源的相关数据或信息并不容易获得，其可靠性也存在问题。此外，

这些数据和信息在相关部门之间并未得到有效的整合和统一，这给地下水资源的管理带来了困难。

因此，应当合理地组织对地下水水质和水量的监测，从而使数据更方便地为决策者和研究人员所使用，帮助他们做出正确的决策和进行可靠的分析。此外，还应当加强与国际相关组织的合作，这既是为了相互借鉴经验，也是为了提升管理能力。

（三）加强相关参与部门的沟通

地下水资源管理问题的另一个根源在于相关管理部门和相关方之间缺乏有效的沟通和理解。不同的信息会导致不同的政策决定，而这些不同的政策往往给一体化的管理带来困扰。因此，部门和相关方内部及之间的和谐沟通与对话至关重要。

将与地下水资源管理相关的以及对地下水资源管理感兴趣的人或单位代表聚集在一起举行会议，不仅增强了他们对地下水问题管理的意识，而且增进了相互间的理解。因此，这类会议可能对于解决实现一体化管理所面临的问题有所助益。

四、建立合理的水资源价格体系

建立合理的水资源价格体系，合理收取水费，是实现节水型社会的必要条件。具体措施如下：制定不同用途的水价、水资源费征收标准；实行超计划加价收费；提倡节水技术、设备和工艺的推广和应用；利用经济杠杆调整用水需求，促进工农业节水。

水资源价格体系由水资源的生产成本、环境成本和资源成本构成。生产成本包括取水、净化、运输等环节的费用；环境成本是指为治理水污染、保护水资源生态环境所付出的代价；资源成本则是为了体现水资源的价值、弥补水资源的消耗所支付的费用。这一价格体系的建立，旨在通过经济手段引导人们节约用水、保护水资源。

要实现水资源可持续管理的目标，需要采取多种手段和策略。其中，核心手段就是通过提高水资源价格，发挥价格杠杆的调节作用。在节约用水方面，政府可以制定相关政策，鼓励节水型产业的发展，限制高耗水产业的发展。同时，加强水资源的监管，确保水资源得到高效合理的利用。此外，在提高用水效率方面，加强技术研发，推广节水技术和设备，降低用水消耗。

此外，政府应广泛采纳各种经济激励措施。地下水资源管理的核心是利用价格杠杆有效配置水资源，因此设定科学合理的价格就显得格外重要。要完善地下水资源价格体系，以便统筹兼顾，从整体上发挥水资源的最大效益。目前，全球很多地方仍然是无偿或低偿供水，价格的杠杆动力处于无效或低效状态。因此，理应在以下几个方面进行改革。

①水价必须逐步走向市场，使水价真正反映价值、成本、供求关系等。

②水价可具有多元化特征，如级差价格、地区价格、季节价格、水质价格、功能价格等，使价格这一经济杠杆有效推动水资源管理。

③切实提高水费的收缴率。

由于地下水资源无价的观念深入人心，及水费收缴环节多、点多、面广，且手段落后、制度不全等因素，导致水费征收难度很大。因而必须建立有效的水费收缴运行机制：建立规范的征收机构；建立健全的规章制度，如财务、奖惩等；建立一支训练有素的征收队伍，加大征收力度。

第六章 地下水资源环境保护经验与对策

地下水不仅是水资源的重要组成部分，而且是维护生态系统和谐的关键环境要素，与地表水动态、植被生态、土地荒漠化等联系密切。在新时代背景下，地下水环境保护要充分认识到地下水在生态文明建设过程中的重要性，积极借鉴国内外优秀经验，采取积极果断的保护计划和措施。本章则围绕地下水资源环境保护的经验、地下水资源环境保护的对策展开研究。

第一节 地下水资源环境保护的经验

全世界公认地下水是人类最好的饮用水源[①]，同时，许多国家工农业生产也会利用地下水，并更广泛地应用于各行各业。人们在利用地下水的过程中会出现许多问题，最常见的是过量开采地下水引起的地面沉降和海水入侵问题，以及地下水水位下降引起的植被和陆地生态系统的改变问题等。各个国家、地区总结出的有效的地下水资源环境保护方法和战略对现阶段我国地下水资源环境保护具有重要参考价值。具体来讲，国内外地下水资源利用的保护与管理需着重推进以下几项工作。

一是加强地下水资源法律法规顶层设计，通过法律手段加强地下水资源管理。世界上已有多个国家针对地下水资源管理颁布了专门的法律，如美国联邦政府颁布的《清洁水法》《资源保持恢复法》《地下水规程》，英国政府颁布的《地下水管理条例》，韩国政府颁布的《地下水法》等，这些相关法律文件中对地下水开发利用的保护与管理给出了明确规定。我国地下水利用的保护与管理则主要以《中华人民共和国水法》《中华人民共和国水污染防治法》《地下水管理条例》等法律文件为依据。同时，一些国家的地方政府为因地制宜地实施地下水有效管理，也颁布了专门的地方性地下水管理法规。例如，在澳大利亚，几乎各州都有其专门的地下水管理的法律法规，这对于加强地下水资源开发利用的保护与管理

---

① 田中．地下水在呻吟 [J]．沿海环境，2002（5）：22-23．

具有重要作用。依据法律法规，需要开展地下水管理规划，主要包括地下水饮用水水源地保护区划分、地下水功能区划分、地下水污染防治区划分、地下水超采区划分以及地下水利用保护与管理规划等，对于不同的规划要求应制定相应的管控目标，这将成为地下水资源管理的重要抓手。例如，美国在全国范围内开展了饮用水水源地的水源保护行动和水源评价计划，要求各州绘制或"圈定"现有井和新井的补给区，同时依据《地下水章程》开展饮用水水源地保护区划分，保护地下饮用水源免受细菌和病毒的侵害；德国政府制定了地下水污染的治理措施，强化了地下水保护措施来进行地下水保护，并在全国宣传水资源的循环利用理念[1]；英国于 2011 制定了地下水政策白皮书，该白皮书关于地下水的取水政策更加的严格，并且要求加强对地下水资源的管理，同时提出了节约用水的地下水方针政策[2]；我国水利部于 2022 年制定印发了《2022 年水资源管理工作要点》，其中强调完善地下水水位变化通报机制，推进新一轮地下水超采区划定，制定地下水开发利用管理办法，推进相关标准修订和规程编制工作。

二是完善地下水监测网络，为科学开采地下水提供数据支撑。地下水动态监测是一项长期的水文地质工作，为实现水资源的科学管理，要求监测数据真实、准确、完整，这对于识别区域水文地质条件、实现社会经济的可持续发展具有重要作用。地下水质监测网的发展一般需要根据国家需要和水文条件的变化而发展，欧美国家从 20 世纪 50 年代开始设置地下水数据储存系统、开展地下水质观测网优化设计研究，除德国外，欧洲其他国家监测网都是覆盖全国范围。地下水监测网络优化方法主要有混合整数规划法、空间统计方法、水污染运移法、遥感物探法等。20 世纪 60 年代起，我国水利部门开始监测地下水水位、开采量、水质和水温等要素，并持续加强地下水监测工作，在改变地下水监测落后难以满足管理的现状的同时，深入研究遥感技术在地下水监测中的拓展应用，如水文地质遥感信息分析法、环境遥感信息分析法、热红外遥感地表热异常监测法和遥感信息定量反演模型等。

三是完善地下水体制机制建设，确保地下水资源的有效管理和保护。国内外基本上已经建立了水资源的统一管理体制，加强地下水管理与保护工作，贯彻实施取水许可制度，控制地下水开采量，促进地下水采补平衡。地下水补给是组成水循环的重要部分，而水土保持工作的开展则有利于地下水补给的实现。许多国家实施水源涵养制度，采取工程措施与生物措施并重，层层拦蓄，充分涵养水源，减少地表水土流失，实现对地下水的补给，进而保障水资源的可持续利用。近些

---

① 张文理，郝仲勇.德国的水资源保护及利用 [J].北京水利，2001（3）：41-43.

② 谭新华.英国地下水资源的保护及对我国的启示 [J].科教文汇（下旬刊），2008（21）：193.

年，各国实施节约用水制度，大力推行节水管理，随着节水技术的推广应用、工艺过程改造提升等，行业用水水平不断提高，大大降低了对地下水的依赖和需求。通过优化内部用水结构体系，有效地节约了地下水资源。

第二节　地下水资源环境保护的对策

水资源与环境地质作为统一水环境中的两个系统，相互制约又相互影响。整个地区地下水系统内，不同含水体的补给来源及其时空变化规律是不同的。浅层地下水补给源主要有大气降水、地表水渗入补给及局部侧向地下径流补给，其补径排条件受气候、地形、地貌影响十分明显。因此，浅层地下水的补给区与分布区基本吻合，补给源较近，傍河易产生激发补给，但又较易被污染；深层水补给区范围与富集区不一致，补给源往往较远，补径排条件比较复杂，地下水动态相对比较平稳，地下水的储存量丰富，激发补给量有限。

根据上述浅层水和深层水补给来源及其时空变化特征，不同深度含水层的可采资源量的组成也会有所不同。浅层水的可采资源量主要由地下径流量、夺取地下水的蒸发量和侧向排泄量组成；深层水的可采资源量除地下径流量外，还主要依赖于越层补给和部分储水量的利用，后者在富水年份可以部分恢复。深层水具有分布广、含水层厚、水储量大、调节能力强、自净和防污染能力强等特点，在严重缺水地区有重要的开采价值；但深层水也存在补给更新慢、开采深度大、开采成本较高等不足。

针对浅层水和深层水的不同特点，建立浅层水水源地的卫生防护带、防止周边咸水的入侵以及保护补给源等方面非常重要。在处理深层地下水时，需要特别关注水化学垂向变化规律，在勘探和开采过程中，需要做好分层、分段的止水或封孔工作，以防止高矿化水对低矿化水的污染，以及深层高矿化自流水对地表水及环境的污染。为了保护地下水资源，确保其可持续开发利用，需要科学合理地制定开采量、开采方式和开采强度，以确保开采不会对水环境产生负面影响，主要需做好以下几个方面。

一、全面规划，科学管理

对于地下水资源环境的管理与保护应从全局出发，综合研究地表水和地下水，对流域上、中、下游进行水资源开发利用的全面规划，加强管理，协调好部门之间和地区之间的用水矛盾。这是一项重大的系统工程，应受到各级政府和有关部门的高度重视。对于地下水资源环境的全面规划和科学管理，可以采取以下措施。

第一，制定地下水资源管理政策和法规，明确地下水资源的保护、开发和利用的原则和要求，规范地下水资源的管理行为。

第二，开展地下水资源调查评价工作，对地下水资源进行全面、系统的调查和评价，了解地下水的储量、水质、补给状况等，为科学决策提供参考。

第三，制定地下水开采许可制度，合理安排地下水开采的时限、量额和方式，根据地下水资源的可持续性，控制开采强度，避免过度开采导致地下水资源衰竭。

第四，制定地下水污染防治技术标准，加强对污染源的监管，建设和完善地下水污染治理设施，加强水源保护区的管理，保障地下水资源的水质安全。

第五，建设地下水资源管理信息平台，整合相关数据，实现信息共享和交流，提高地下水资源管理的效率。

通过全面规划和科学管理，可以实现对地下水资源环境的可持续利用和保护，保障地下水资源的长期稳定供应，维护生态平衡和人民群众的饮水安全。

二、合理利用好各类水资源

降水、地表水、地下水组成了一个水系统[1]，要因地制宜地充分、合理的利用好"三水"资源。

根据不同的水文地质条件和供水对象要求，地下水的开采应结合集中开采和分散开采的方法，同时开采浅层水和深层水。不同水质的地下水应有不同的用途，以充分利用水资源。

要利用"三水"自然转化规律，充分发挥地下水的天然调蓄作用。例如，在部分山前洪积扇和一些邻近河流的水源地，如果地下库容已经被开采空了，那么可以在丰水期或者丰水年利用地表水对地下水进行回灌，然后在枯水期或者枯水年进行开采利用，以取得对水资源进行良好调蓄的效果。

此外，为了更加合理地利用各类水资源以加强地下水资源环境保护，可以采取以下措施。

第一，加强公众对节水的认识，推动节水型社会的建设。通过宣传教育、技术培训等途径，提高人们对水资源的珍惜意识和合理利用意识，减少浪费。

第二，积极推广和应用高效节水技术，在农业、工业、生活等领域推动节水设备的使用，降低用水量，提高用水效率。

第三，加强水资源的再生利用和回收利用，促进废水处理和再利用技术的推广应用，减少对地下水资源的依赖。

第四，建立健全的水资源管理制度，加强对水资源的监测、评估和管理，建

---

[1] 黄美元.天空水资源的开发和利用 [J].科技导报，1989（6）：48—50.

立科学的水资源调度机制，合理安排各类水资源的利用。

第五，加强对水源地、河流、湖泊等水体的保护，防止污染物对地下水的渗入和破坏，加强水体生态修复工作，保证地下水资源的安全和水质的良好状态。

第六，加强各地区、各部门之间的合作与协调，共同推动水资源的合理配置和利用，推动跨区域和跨流域的水资源管理合作。

以上措施都是为了实现对地下水资源环境的保护，保障地下水资源的可持续利用，以及维护生态平衡和人民群众的饮水安全。

三、水资源开发与生态环境保护相结合

随着能源化工基地的建设、区域经济和社会的高速发展，需水量正急剧增加。人类工程活动和地下水的开发利用会引发许多生态地质环境问题。对地下水环境影响较大的生态地质环境问题主要有地下水污染、含水层破坏、水位持续下降等。针对这些问题，可以采取以下措施。

第一，针对工业及城镇生活污染，通过调整产业结构，关闭高污染、高耗能、低产出的工矿，鼓励节水，从源头控制污染源，减少污染物的产生；同时建立长效的监督管理机制，加快城镇污水集中处理工程建设，在过程中监管、消减污染物的排放。

针对农村及农业污染，结合农村及农业生产的特点，增加农业效益，减少农业污染。一是结合新农村建设，重点治理粪土乱堆、垃圾乱倒、污水乱泼、畜禽乱跑等现象，从源头控制污染；二是加强农药的管理，严格农药安全使用标准，推广生物防虫技术，减少农药污染。

第二，通过提高能源勘查、开发的工艺，避免破坏含水层。关于工艺的提高，可使用更先进的勘查设备和技术，以便更准确地确定地下水位和含水层的位置。此外，开发更高效的开采技术，以减少对含水层的影响。

第三，地下水的开采要与生态地质环境保护相结合。集中供水水源地要根据浅层水位与生态环境的关系，选定合理的开采深度，开采量要量入为出，确保水资源可持续利用，避免过量开采地下水引发环境地质问题。

第四，重视水源地保护，以加强生态保护、减少水土流失、涵养水源、提高环境自然净化能力、改善和保护饮用水水源水质、促进生态良性循环。建立水源地保护区，在饮用水水源地划定一定范围建立生态屏障，对饮用水源区实施封闭管理，拆除与水源无关的建筑物，禁止石油、煤炭等能源勘查开发，防止水源水质直接污染；开展水源地地下水水位、水量的监测，定期发布生活饮用水源水质信息。

四、积极推进地下水体制机制建设

第一，强化地下水功能区划分级管理，健全地下水管理法律体系。相较于地表水系统，地下水系统显得十分脆弱，在开发利用过程中，一旦保护不当或者未加以保护，极容易遭到破坏，很难修复。按照地下水功能区制定的利用与保护的管控目标，在全国地下水管理条例的基础框架下，抓紧制定出台地方地下水管理办法等，落实管理责任、提高决策能力、强化监督管理，同时补充完善矿泉水、地热水、地温利用等方面的管理办法，逐步建立健全地下水管理的法律体系，严格保障地下水功能区各项功能的正常使用。地下水功能区经政府批准后，将作为今后涉及地下水建设项目审批、水资源优化配置、科学管理和保护等内容的基本依据，不得擅自更改。

地方人民政府在地下水开采管理、水污染防治等工作中，要按照地下水功能区的要求，协调或衔接好有关开发利用规划与功能区划的关系，确保地下水功能区管理目标的实现；明确并落实管理责任目标；建立地方性法规和监督管理制度，使地下水管理工作有法可依，使地下水利用与保护工作落到实处；鼓励并推进用水户积极参与地下水管理工作，积极探索、推行用水者协会等基层地下水管理体制。

确立以地下水二级功能区为单元的地下水资源保护方针，逐步建立和完善地下水功能区统一管理与行政区域管理相结合的水资源保护管理体制和运行机制。根据地下水功能区的保护目标，以二级功能区为单元，以水质管理和污染源防治为重点，依法强化水行政主管部门对地下水资源保护和生态环境部对地下水污染防治的监督管理，逐步形成流域与区域、资源保护与污染防治、有关部门之间分工明确、责任到位、统一协调、管理有序的地下水资源保护管理工作机制。地方政府要高度重视地下水资源保护工作，明确政府领导对地下水环境保护的目标责任，政府主要负责人对本行政区域地下水资源管理和保护工作负总责，并将各功能区管理任务层层分解落实，重要开采区域实行定期报告制度。

第二，强化用水总量控制与取水许可管理，完善严格的水资源管理制度。按照《地下水管理条例》和《取水许可和水资源费征收管理条例》等要求，建立和完善以总量控制为基础的地下水管理制度，加强对地下水开发利用与保护的监督管理和分类指导。

落实严格的水资源管理制度，提高水资源集约节约利用水平，实行地下水分区取用水量控制，将水量控制指标分解落实到县级以下行政区或者重要的地下水源地，实行地下水开采的总量控制，将水质保护目标和水位控制目标落实到位。建设地下水取水工程，开展水资源论证，对于不符合地下水取水总量控制和地下水水位控制要求的，不符合限制开采区取用水规定的，不符合行业用水定额和节水规定的，不符合强制性国家标准的，在水资源紧缺或者生态脆弱地区新建、改建、扩建高耗水项目，以及违反法律、法规的规定开垦种植而取用地下水的项目取水申请不予批准。

此外，在行政区域内，应建立地下水年度用水计划制度，有计划地控制地下水的年度用水总量。为了规范机井建设，需要严格审批凿井资质，按照法律规定进行机井建设审批，必须先进行水资源论证，然后才能进行凿井取水。对凿井方案、凿井合同、凿井施工企业的资质等进行严格审查，加强施工质量管理，确保成井质量。同时，积极合理地调整开采井布局，对于不合理开采井要采取关闭的措施，以减少开采量。对于违反地下水开发、利用、保护规划进而造成地下水功能降低、地下水超采、地面沉降、水体污染的，应依法处理。

第三，加强地下水涵养和储备，健全地下水预防保护与战略储备制度。加大对地下水水源地保护的监管力度，做好水源地安全防护工作和水源涵养工作。制定并出台地下水水源保护管理办法，建立地下水水源地登记和信息发布制度，涵养和保护地下水水源地，发挥其正常供水和应急供水功能。

合理划定地下水水源地保护区，设置严格的污染源准入制度，坚决取缔污染地下水的水源地。对于已遭受污染的水源地，遵循"谁污染谁治理"的原则，逐步清理污染源，恢复良好环境，保障城乡饮水安全。采取综合措施，防止工业污染物通过废污水排放、固体废物堆放、渗井、渗坑等渗入污染地下水；防止农药、化肥等对区域地下水的污染。地下水是极其重要的应急和战略储备水源，它能在地表水发生污染事故或连续干旱的极端气候条件下提供备用水源，以确保经济社会的正常运转。为此，需要建立和完善地下水应急和战略储备制度，其中包括划定地下水应急利用的等级和标准、制定和管理应急预案以及进行应急会商和调度等方面的内容。

在基础设施建设方面，要做好应急备用水源的建设，并加强日常维护和管理，以确保在应急情况下能够及时启用并发挥应急供水的作用。同时，还要进行地下水应急储备水源地的论证、建设，明确启用原则和条件、启用程序、管理调度运行方案，加强应急管理的决策支持。

五、加强地下水资源环境保护宣传

通过加强地下水资源环境保护宣传，可以进一步提升水资源管理水平，培育节约风尚，从而增强全民忧患意识。具体来讲，为了加强公众对地下水资源的环境保护意识，可以采取以下宣传措施。

第一，开展地下水资源保护主题宣传活动。组织地下水资源保护知识讲座、演讲比赛、短视频制作等活动，通过生动形象的方式向公众传达地下水资源保护的重要性。同时可以借助社交媒体平台发布相关的推文、视频等，吸引更多人关注和参与。

第二，制作宣传物资。制作宣传海报、卡通漫画、手抄报等，突出地下水资源的重要性。在校园、社区、公共场所等地方张贴或发放这些宣传材料，让更多人了解地下水资源环境保护的知识。

第三，加强媒体宣传。借助电视台、广播、报刊、新媒体等载体，开展系列地下水资源环境保护专题报道，深入解读地下水保护的相关政策和法规，提高公众的知晓度和认同感。

第四，指导农民和工农业企业合理使用水资源。对农民和相关企业进行培训，教导他们合理管理和利用地下水资源，推广节水灌溉、循环农业等水资源保护技术，帮助他们自觉合理地使用和保护地下水。

第五，强化学校教育环节。将地下水资源保护内容纳入课程教学，通过学校活动、实地考察等形式，让学生了解地下水资源的重要性，从小树立环保意识。

第六，建立志愿者团队。组织地下水资源环保志愿者团队，开展义务宣传和巡查活动，在社区、公园等公共场所进行宣传，为公众解答有关地下水保护的问题，推动公众参与地下水保护工作。

通过以上宣传措施，可以提高公众对于地下水资源环境保护的认知和行动意识，促使更多人积极参与和推动地下水资源的保护工作。

六、健全与完善地下水监测预警系统

（一）地下水监测站网络优化

1. 地下水监测站分类

地下水监测站分类划分依据不同，其结果也不相同。一般来讲，按照地下水监测的目的，地下水监测站可划分为统测站、试验站、基本监测站。其中统测站主要是为水位统测而设立的监测站；试验站主要是为不同试验项目而特地设定的监测站；通常情况下，基本监测站可分为水位、开采量、水质、水温、泉流量基本监测站，其中以水位、水质基本监测站为主。对于水位和水质基本监测站，按照管理级别划分可分为国家级监测站、省级重点监测站、普通基本监测站。

2. 地下水监测站网络优化原则

第一，合理布设监测站，做到水平上点、线、面相结合，垂向上层次分明，以浅层地下水监测站为重点，尽可能做到一站多用。

第二，充分考虑节约经济成本，优先选用符合监测条件的已有井孔。

第三，兼顾与水文监测站的统一规划和配套监测。

第四，尽可能避免部门间重复布设目的相同或相近的监测站。

3. 地下水监测站网络优化方法

地下水监测站网络优化是有效获取区域含水层系统水文信息的关键技术，是科学揭示地下水运动规律的重要基础，由此，地下水监测站网络优化历来受到社会的重视。纵观国内研究进展，地下水监测站优化方法有多种，主要包括克里金法（Kriging 插值优化模型）、卡尔曼滤波法、地下水污染迁移优化法等。不同方法有不同的优缺点，从使用方法简便方面来讲，一般情况下克里金法应用较为广泛。

Kriging 插值优化模型是分析评价地下水监测网密度行之有效的一种方法。该方法适用于水质、水位观测井网的优化，以及研究程度较高的基础性区域的监测井网。Kriging 插值优化模型用于监测网点空间分布的插值计算，可避免人为因素造成的随意性。理论上，同一地下水流系统中各点水位都具有空间上的相关性，但实际计算中超过一定距离的外圈层监测孔往往不宜参与计算，而以最近的内圈层（2～6个监测点）参与计算的效果较好。现实社会中，地下水监测井网受人为作用的影响变得较为复杂，在计算时需要考虑实际的水文地质条件、气候气象、地形地貌状况、土壤条件等影响因素。

应用 Kriging 插值优化模型的优点在于，进行优化时只要合理地确定阶数、临界理论方差，并恰当地处理好地下水监测井网的诸多影响因素，就能得到较为准确合理的优化结果。

（二）地下水自动化监测系统

地下水自动化监测系统即地下水监测信息采集与传输系统，自动采集地下水水位、水质、水温等信息传输至数据信息中心。该系统主要有传感器、数据采集与传输器、供电设备等。

1. 传感器

传感器是一种检测装置，能感受到被测量的信息，并能将感受到的信息，按一定规律变换成电信号或其他所需形式的信息输出，以满足信息的传输、处理、存储、显示、记录和控制等要求。

传感器类型主要包括地下水水位传感器、地下水水质传感器、地下水水温传感器等。传感器也可综合集成单一指标，如温度和水位、水位和水质等。目前，地下水水位传感器一般采用压力式，其结构原理简单，易于推广应用，分辨率应小于等于 1.0 厘米，具体按照系统要求选择；地下水水质传感器主要应用在原位水质监测当中，主要监测指标有硝酸盐、重金属、氰化物等；地下水水温传感器通常与地下水水位传感器结合使用，分辨率应不小于 0.1℃。

2. 数据采集与传输器

数据采集与传输器是一种具有实时进行数据采集、处理、传输功能的自动化设备，可实现多项功能，包括实时采集、即时显示、自动存储、自动处理、即时反馈和自动传输等。它能够接收各种类型传感器输出的数字信号，并通过有线或者无线方式传输至数据信息中心，进行数据存储、分析处理等。在地下水水位监测站中，"六采一发"是最常用的方式。具体而言，采集设备会按照预设的时间间隔定时采集水文要素数据，包括每天的 4 时、8 时、12 时、16 时、20 时、24 时。而在每天的 8 时，采集设备会通过传输设备一次性发送数据报告。该设备还具备多种功能，能够同时将数据传输至县、市、省相关平台，以实现信息共享和传输。采用电池供电的监测站除报送水位、水温等监测信息外，还应报送电源状态，即电源的电压。各类监测站均应具备信息双向传输功能，即除监测站自动向监测中心传输数据外，监测中心还能向监测站发送指令调取指定的监测数据。当采用无线传输方式时，宜采用双信道通信方式，主信道可选用无线上网方式，备用信道可选用短信息方式。

3. 供电设备

供电设备采用风光互补模式。风光互补是一套发电应用系统，该系统是利用太阳能电池方阵、风力发电机（将交流电转化为直流电）将发出的电能存储到蓄电池组中。当用户需要用电时，逆变器将蓄电池组中储存的直流电转变为交流电，通过输电线路送到用户负载处，由风力发电机和太阳能电池方阵两种发电设备共同发电。风光互补发电系统主要由风力发电机、太阳能电池方阵、智能控制器、蓄电池组、多功能逆变器、电缆及支撑和辅助件等组成。风光互补发电系统具有以下优点：完全利用风能和太阳能来互补发电，无须外界供电；免除建变电站、架设高低压线路和高低压配电系统等工程；具有昼夜互补、季节性互补的特点，系统稳定可靠、性价比高；电力设施维护工作量及相应的费用开销大幅度下降；低压供电，运行安全、维护简单。

（三）地下水生态预警

地下水资源过度开采往往会诱发严重的地下水生态环境问题，因此，地下水生态环境敏感地区应建立地下水生态预警机制，尤其在生活和工业集中开发的重要的地下水源地地区。应当选择关键的地下水生态环境敏感因子来确定地下水水位（水量）、水质等预警指标，通常结合地下水管控指标综合确定，主要依据水资源调查成果，一方面分析地下水资源禀赋条件，地下水开采与补给是否达到平衡；另一方面分析用水条件，开采地下水过程中地下水水位在一定周期内是否保持稳定，以及地下水开采是否符合地下水管理和地下水压采控制要求。

地下水生态预警指标（地下水水位）可采用三级预警方式，分别为红色预警、橙色预警和黄色预警，其中红色预警为最高地下水生态预警等级，并且应针对不同预警等级制订不同的地下水开采管理方案。在地下水水位触及红线之前，应当允许地下水资源的开采利用以满足社会经济系统的正常用水需求；但当地下水水位低于控制红线时，就应当以生态环境保护为首要目标而实施严格的禁采措施。

七、加强地下水水源地保护区管理

对地下水水源地的保护主要体现在两个方面：一是对水量进行保护；二是对水质进行保护。就水量保护而言，其重点在于通过一系列措施来合理地控制水源地地下水开采量和地下水位，预防地下水超采；就水质保护而言，其重点在于控制保护区内的点源、面源污染排放，制订污染源削减方案。

水源地保护区划分的各种方法主要是从水质保护的目的出发。水量保护的关键在于合理规划水源地，而开采分布和开采量则在保护区划分方法中涉及不多。

下面将对于地下水水量保护提出合理建议，并从各级保护区内污染控制（点源和面源污染）、加强地下水监管两个方面来具体介绍地下水水源地保护区的管理。

（一）一级保护区污染控制措施

一级保护区位于开采井的周围，其作用是保证集水有一定滞后时间，以防止一般病原菌的污染。在国外水源地保护区的管理措施中，一级保护区原则上是只允许取水的，任何与取水无关的建设都应搬迁。结合我国国情，大范围内的建筑拆迁、企业搬迁和生产类型调整，经济成本巨大，因此可采取建设排污处理设施等措施来补救。

一级保护区内的污染控制包括点源污染控制和面源污染控制两大部分，下面将分别阐述。

1. 一级保护区点源污染控制

点源污染是指由工业排污口或城市生活排污口等具有固定的污染物产生位置和排放点的污染源所排放的污废水进入受纳水体而引起的水体污染，其特点是所排放污染物的种类、特征和排放时间相对稳定。

地下水水源地保护区点源污染防治工作的技术关键是，采取有效措施，尽可能地削减保护区范围内的点源排放口对地下水水源地的污染危害，确保地下水水质能够达到国家规定的使用标准。

一级保护区的点源污染防治措施原则上是禁止任何形式的建筑群新建或扩建，包括对地下水水源有严重污染威胁的各类工厂、医院，以及居民区等；禁止开展任何形式的生产类和服务类活动；禁止污水处理设施的存在。现将对地下水污染产生严重威胁的限制类型列举如下。

①禁止在保护区内新建或扩建工厂。对于保护区内原有的工厂，按照其生产性质和排污规模进行分类和管理。小型的农副食品加工业和手工制造业可以允许其在保护区内继续经营，但需要监督和管理其排污情况，确保其排放符合环保法规要求，不对环境造成污染。对于那些在生产过程中涉及有毒或有害物质的使用、排放以及化学需氧量（COD）日排污量大于 100 千克或氨氮日排污量大于 5 千克的企业，必须在保护区划定后三个月以内全部搬离。这些企业在搬迁过程中产生的废水和废渣不得在保护区内随意排放，而需要根据相关规定进行正确处理和处置，确保不对环境造成污染。对于保护区内的其他企业，可以根据具体情况决定是否继续经营或采取何种处理措施。这会涉及对企业的环保状况、生产对环境的影响、治理能力等方面的评估和判断。根据评估结果，可以采取让企业继续经营但需要加强环保管理，或进行改造升级以降低排污量，或要求其搬离保护区等措施。这样可以确保保护区内的企业对环境的影响在可控范围内。

②禁止在保护区内新建大型的医院、商场、娱乐场所。对于保护区内已经建成的学校、医院、宾馆、餐馆、商场、农贸市场以及洗浴中心等服务性行业，允许其在保护区内继续经营，但是产生的污水不得随意排放，必须由污水管道输送至污水处理厂，经过处理达标后方可排放；应禁止所产生的固体废弃物在保护区内随处堆放，应由环卫部门组织专人负责将其运走。医院要特别注意将医用的固体废弃物统一集中回收，并运至保护区外处理。

③对于保护区内的居民社区，要做好生活污水的集中处理工作，所有污水必须经污水管道输送到污水处理厂，经过二级处理达标后方可排放。对于潜水型地下水源地，禁止在保护区内再新建大型居民住宅区。

④对于潜水型地下水源地，在保护区内禁止新建油库、加油站、天然气站和化学原料贮存点，对于已经建成的上述贮存点，要责令其在保护区划定以后三个月以内搬走，搬迁过程中要做好防渗漏措施，防止发生渗漏造成污染。

⑤对于正在进行的采矿活动，要责令其立即停止作业，尾矿、矿渣要运出保护区外以防止在雨水的淋滤下污染地下水。矿井停止开采后，要继续加强对地下水的监测、管理，防止进一步引发意想不到的地下水问题。

⑥禁止在保护区内新建和扩建火电厂、核电厂。对于保护区内原有的中小型火电厂，应在保护区划定后三个月以内关停或搬迁。对于大型火电厂和核电厂，如果电厂对保护区内的地下水有较大影响，必须采取一定的补救措施。

⑦禁止在保护区内修建核废料、化工废料、医学废料、生活垃圾以及其他固体废弃物的埋放点。对于保护区内已有的埋放点，限期搬迁至远离保护区的地方，并对堆放点留下的土层污染带进行治理。

⑧禁止在保护区内新建生活污水或工业废水处理厂和排放口。对于保护区内原有的排污口，必须在保护区划定后三个月以内停止使用或迁移至保护区以外的地方。

⑨对于由工厂车间、加油站、化学危险品贮藏点等泄漏所形成的土壤污染带，必须采取措施进行治理，以防止其继续污染地下水。

⑩针对实际情况，增加以下防护隔离措施：在地下水源地各水井周围相应位置建设隔离防护栏或小屋防止对井口的直接污染；在保护区设置水源地保护警示标识牌等，标识牌上写明站名、井号、井址坐标、井深、井顶高程、设井厂商、设井日期、管理单位、联系电话等。若原水源地部分水井已设防护围栏，其余水井则增设同样铁丝围栏，实现每个水源地水井统一管理，其他厂外水井建设小屋防护。此外，加强现有厂区建设及绿化，打造园林式水厂，改善集中式饮用水源地供水环境。

关于水井基台处理，水井的结构要合理，井的内壁距地面 $2\sim3$ 米，应以不透水材料构建，井周以黏土或水泥填实，井口要用不透水材料做出高出地面 0.5 米左右的井台（部分农田沟内水井适当增加井台高度）。井台向四周倾斜，井台周围设专门的排水沟，井台上的井口应设置井栏，井栏口设盖并加锁。在水厂外的水井，若条件允许则建房进行封闭管理。

关于生活饮用水的输水、蓄水和配水、净水等二次供水设施，应密封，严禁与排水设施及非生活用水的管网连接。二次供水设施材料应选用不生锈的镀锌管，保证不使饮用水水质受到污染，设施要有利于清洗消毒和防止投毒。

2. 一级保护区面源污染控制

面源污染是指溶解性污染物或固体污染物在大面积降水和径流冲刷作用下汇入受纳水体而引起的水体污染。面源污染是水环境污染的主要来源之一。面源污染防治的目的是有效减少和防止地下水水源地保护区内的面源污染，尤其是农业面源污染，确保水源地的水质达标和正常运行。一般情况下，许多分散式取水井直接修建在农田中，因此接受面源污染的可能性较大。一级保护区的面源污染防治措施包括以下内容。

①禁止在保护区内再新开垦耕地。对于保护区内原有耕地，大力推广平衡施肥技术，适时、适量施肥；鼓励使用农家肥，限制化肥使用量；对于潜水型水源地要合理控制施肥深度，减少化肥在土壤中的淋失和污染。

②严格控制农药使用量，鼓励采用物理防治、生物防治技术；禁止对保护区内的农田实施污水灌溉，以防止污水下渗污染地下水；限制保护区内的大棚种植面积，并鼓励农户调整农业种植结构。

③禁止在保护区内修建畜禽养殖场，停止审批新建、扩建规模化畜禽养殖企业。对于保护区内原有畜禽养殖场，责令其限期关闭或搬迁到保护区以外的地方。对于农户私人养殖的畜禽，必须采取必要的粪便处理措施。

④在保护区内，应禁止随意排放农村生活污水和丢弃固体废弃物。首先，当地乡（镇）政府部门应当督促农户自建小型的农村污水处理系统。这些系统可以采用生物处理、人工湿地等方式，将生活污水进行处理，达到排放标准后再进行排放。政府可以提供技术指导和支持，帮助农户建设和维护污水处理系统。其次，应建设完善的农村生活垃圾管理体系，禁止随意丢弃固体废弃物。可以设置垃圾分类和回收站点，提供相应的垃圾分类指导，引导居民将垃圾分别投放到相应的垃圾桶中。政府可以组织垃圾收集和处理，并加强垃圾处理场的建设和管理，确保固体废弃物的妥善处理。最后，严禁在保护区内焚烧农作物秸秆、塑料制品、生活垃圾以及其他有害固体废弃物。政府可以加强对农户和居民的宣传教育，增加对废弃物的回收和处理设施，鼓励使用适当的处理方式，如生物质利用、回收利用等，防止有害物质的排放和对环境的污染。

⑤对于保护区内的农村居民住户，允许其在自家住所设置化粪池，用于处理保护区内厕所产生的粪便，但化粪池必须做好防渗措施。

⑥在取水井周围 10 米以内，要修建必要的生态截污沟渠、泥沙前置库等地表径流拦截工程，对地表径流所携带污染物进行拦截、收集，并做好生态截污沟渠、泥沙前置库的防渗工作。

⑦当保护区位于城区以内时，由当地街道办事处安排环卫人员定时打扫清理保护区内的城市垃圾和地表废弃物，确保地面清洁卫生。

⑧禁止在保护区内铺设污水管道、输油管道和液体化学品输送管道。对于保护区内已建的上述管道，应与城市规划部门、建设部门、环保部门等相关部门协商，督促责任单位对管网改线或采取必要的防漏、防渗措施。

（二）二级保护区污染控制措施

二级保护区位于一级保护区以外，其作用是保证集水有足够的滞后时间，以防止病原菌以外的其他污染物污染。

1. 二级保护区点源污染控制

二级保护区的点源污染防治措施包括以下内容。

①关停整顿保护区内的高排污规模工厂。对于涉及有毒或有害物质使用、排放的企业，以及 COD 日排污量大于 200 千克或氨氮日排污量大于 10 千克的企业，必须在保护区划定后三个月以内全部搬离，搬迁过程所产生的废水、废渣不得在保护区内随意排放。

②限制在保护区内新建低排污规模工厂。既要执行严格的审批制度，也要考虑到当地经济发展的需要，适当扶植低污染、低损耗的企业。允许在保护区内建设 COD 日排污量小于 200 千克或氨氮日排污量小于 10 千克的企业，但这些企业必须配备必要的污水预处理设施才能建设经营。对于生产过程中漏失废液和污水较多的工厂，应建立各种防渗幕，防止污水渗入地下水中，并在地下建立层状或环状排水设施。

③允许在保护区内新建大型居民住宅区，但要做好生活污水的集中处理工作，所有污水必须经污水管道输送到污水处理厂，经过二级处理达标后方可排放。

④允许在保护区内新建和扩建污水处理厂及排放口，但新建和扩建工程在运行之前，必须开展有关污水处理工艺对地下水污染方面的环境影响评价工作，并采取一定的废水防渗、防漏和废渣回收处理措施。

⑤允许在保护区内修建油库、加油站、天然气站等设施。不过，这些设施必须采取相应的防护措施。例如，在其周围设置拦污栅以防止污水进入设施内；在其底部修建防渗层以防止污水渗入地下水中。这些措施能够有效地保护环境，确保这些设施的正常运转和环境的可持续发展。

⑥限制在保护区内开展采矿、选矿活动。禁止新增矿物勘探点、开采点。对于正在进行的采矿、选矿活动，要尽快开展有关的环境影响评价工作。在开展环境影响评价及污水处理和排水设施完善期间，要停止一切采矿行为。

⑦禁止在保护区内新建和扩建核电厂。对于保护区内原有核电厂，必须开展电厂排放废水、核废料对地下水污染的环境影响评价工作，并采取必要的防渗保源补救措施。

⑧禁止在保护区内修建核废料、化工废料、医学废料的埋放点。对于保护区内已有的埋放点（核废料除外），做好防淋滤和防渗措施，避免在雨水冲刷下流失进入地下。

⑨对于工厂车间、加油站、化学危险品贮藏点等泄漏所形成的土壤污染带，必须采取措施进行治理，以防止其继续污染地下水。

2. 二级保护区面源污染控制

二级保护区的面源污染防治措施包括以下内容。

①限制在保护区内再新开垦耕地；限制农药使用量，鼓励采用物理防治、生物防治技术；严格限制对保护区内的农田进行污水灌溉。

②在保护区内，对于采用大棚种植的农户，必须做好农用地膜污染防治工作。为此，需要将地膜在土壤中的残留率控制在 10% 以内。这项措施可以有效地减少地膜对土壤的污染，保护土壤生态环境，同时也有利于提高农作物的产量和质量。

③允许保护区内的农村居民住户设置化粪池，但必须做好防渗措施，且经过处理后粪便中的粪大肠菌和致病菌等有害物质的残留率必须小于 30%。

④保护区位于农村或乡镇时，由当地政府部门负责推广农村生活污水分散处理技术，生活污水经沉淀后排放到保护区以外；由当地政府部门负责推广农村固体废弃物的回收利用和处理工作，农村垃圾应集中后运至保护区外再进行掩埋。保护区位于城区以内时，由当地街道办事处安排环卫人员定时打扫清理，确保地面清洁卫生。

⑤在保护区内，要修建必要的截污沟渠、排水沟渠等地表径流拦截设施，对地表径流所携带污染物进行拦截、输出，并做好截污沟渠、排水沟渠的防渗工作。

⑥对于保护区内的污水管道、输油管道和液体化学品输送管道，做好防漏、防渗工作，避免污水泄漏造成污染。

（三）准保护区污染控制措施

准保护区位于二级保护区以外，是水源地的主要补给区和径流区，其作用是保证水源地补给源的水量和水质。

1. 准保护区点源污染控制

准保护区的点源污染防治措施包括以下内容。

①允许在保护区内新建或扩建低污染危害的工厂，但严格限制在保护区内新建或扩建的高污染危害的工厂。

②允许在保护区内修建和经营学校、医院、宾馆、餐馆、商场、农贸市场以及洗浴中心等服务性场所，允许在保护区内新建大型居民住宅区，但是产生的污水必须由污水管道输送至污水处理厂，经过处理达标后方可排放。

③限制在保护区内新建和扩建污水处理厂，且不得建立在含有渗井、渗坑、裂隙和溶洞的地层上。

④限制在保护区内修建油库、加油站、天然气站和化学原料贮存点，但必须采取相应的防护措施。

⑤出于经济发展的需要，可以适当批准新的矿物开采点，但必须同时建设一定的集中排水设施和废水处理设施。开矿过程中产生的尾矿、矿渣必须堆放在固定地点，并做好防淋滤、防渗工作。

⑥限制在保护区内新建和扩建核电厂。必须开展有关新建电厂排放废水、核废料对地下水污染的环境影响评价工作，如果电厂对保护区内的地下水有较大影响，则电厂不能建设或运行。

⑦禁止在保护区内新建核废料埋放点，这是为了防止核废料对环境和生态系统造成潜在的污染和破坏。对于保护区内已有的核废料埋放点，应该采取有效的防腐蚀、防渗漏措施，以防止放射性物质泄漏对环境和人类健康造成不良影响。这些措施包括定期检查和维护设施，加强地下水监测，以及采取必要的应急措施等。

⑧限制保护区内的生活污水或工业废水排放口数量。对于傍河水源地，禁止在其主要补给河流上设置生活污水或工业废水排放口。对于承压水型水源地的补给区，可根据需要在补给区设置保护带。在保护带内要限制人为活动，特别是要严格限制工厂的数量和规模。

总的来讲，点源污染防治工程需要围绕集中式饮用水源地保护区，严格按照对不同级别保护区的相关规定，对各保护区的点源污染，尤其是污染型工业企业、违规建筑物和建设项目，进行清拆、整治和总量控制。

2. 准保护区面源污染控制

根据对地下水饮用水源地保护区的详细调查，水源地的面源污染主要是地下水补给区农田化肥、农药污染。根据水源地保护要求及水源地保护区现状，开展农村面源污染综合治理，准保护区的面源污染防治措施包括以下内容。

①积极推广使用生物肥、有机肥等，推广病虫害生物防治技术，控制农业化肥的施用量，引导农民科学施用农药、化肥，大幅度降低化肥、农药、农膜和超标污灌带来的化学污染和面源污染

②推广畜禽养殖业粪便综合利用和处理技术，鼓励建设养殖业和种植业紧密结合的生态工程；开展畜禽养殖污染、面源污染的综合防治示范活动。

③秸秆禁烧，因地制宜，综合利用，要大力推广应用秸秆机械化粉碎还田、保护性耕作等直接还田技术，力争大面积消化处理剩余秸秆。

④进行秸秆气化工程建设，加快秸秆气化大面积推广工作。对保护区内居民生活污水进行防渗收集并引入城市污水管网，这样可以避免污水直接排放到环境中，减少对水体和土壤的污染。同时，将生活污水引入城市污水管网，进行集中处理和利用，以提高水资源的利用效率。在此过程中，政府应加强监督和管理，确保污水收集和处理设备的正常运行，以及污水利用的合法性和安全性。

⑤在保护区内使用大棚种植的农户必须做好农用地膜污染防治工作，将地膜在土壤中的残留率控制在 30% 以内。

⑥允许保护区内的农村居民住户设置化粪池，但化粪池不得建立在含有渗井、渗坑、大型裂隙和溶洞的地层上；经过处理后的粪便，粪大肠菌和致病菌等有害物质的残留率必须小于 80%。

⑦在保护区内，对于污水管道、输油管道和液体化学品输送管道采取有效的防漏、防渗措施是至关重要的，可以确保环境保护和人类健康的长期稳定。一方面，要定期对这些管道进行全面检查，包括观察管道是否有裂纹、变形、腐蚀等情况，以及检查管道的接口、阀门等部位是否严密。如果发现任何问题，应立即采取措施进行维修或更换。另一方面，在管道的施工过程中，要确保施工质量和规范操作，遵循相关施工规范和标准。在管道安装完毕后，要进行严格的验收，确保管道没有漏点、没有渗漏。

（四）保护区地下水监管措施

保护区地下水监管措施是十分重要的，它是确保地下水超采预防措施和点源、面源控制措施顺利实施的保障。实施保护区地下水监测可为水行政主管部门科学管理地下水提供信息支持，并有利于及时对各种突发事件作出应急反应。地下水监测项目包括水量监测和水质监测，此外，在地下水超采区还应该加强对地下水超采引起的地面沉降、海水入侵等地质环境灾害监测。

就地下水水源地保护区而言，地下水监测应在现有监测手段和监测条件基础上，进一步针对不同等级保护区来科学设置监测项目、监测站点和监测频率，从而形成立体型的地下水监测网络体系，为地下水保护工作的开展提供支持。

1. 监测项目

水量监测项目主要包括地下水水位监测和地下水开采量监测，此外在泉域水源地还要监测泉涌量，在实施地下水人工回灌的地区还要监测人工补给量。

水质监测项目涉及内容较多，一般情况下可分为以下四类。

①物理学指标，包括水温、色度、浊度、气味、肉眼可见物等。

②一般化学指标，包括 pH 值，钾、钠、钙、镁等阳离子，硫酸盐、氯化物、氟化物、重碳酸盐等阴离子，化学需氧量，氨氮、硝酸盐氮、亚硝酸盐氮等。

③毒理学指标，包括汞、铬、镉、铜、铅、锌等重金属污染物，砷、石油类、挥发酚、氰化物、氯仿、四氯化碳以及工业排放的其他有害物质，六氯环己烷、滴滴涕等农业排放的毒性有机物质。

④微生物学指标，如细菌总数、总大肠菌群等。在选取水质监测指标时，应根据保护区内的发展特点（如城市布局、厂矿企业类型、化肥农药使用状况、污

染排放点的分布等）来确定。此外，一级、二级保护区在选取监测指标时要更加具体全面，重点考虑对毒理学指标和微生物学指标的监测，并对一些不常见的污染组分进行专项监测，而准保护区以及保护区以外的地区监测项目可适当减少。

在地下水超采区域，还要进行地质环境灾害监测。地质环境灾害的监测项目包括地面沉降量监测、地面塌陷监测、地裂缝监测、海水入侵监测、土地沙化监测、生物多样性监测等。一般要根据水源地的实际情况和出现的具体问题来确定监测项目。

2. 监测点的布设

水量与水质监测点可由抽水井与监测孔构成，监测孔有助于对地下水实施观测，专门设立于保护区内以观测水位、取水样分析水质。此外，水量监测点也可作为水质监测点使用。地质环境灾害监测点则根据不同的监测项目而有所差别，但应尽量布设在水量监测点的附近。

在布置水量或水质监测点时，可以根据保护区的级别来调整监测点的密度。通常来说，对于高级别的保护区，由于其生态系统和物种多样性更为重要，因此需要布设更密集的监测点，以更好地监测生态系统的变化和水质状况。对于低级别的保护区，可以适当减少监测点的数量，但仍需要保持一定的监测覆盖率，以确保生态系统的正常运转和保护目标得到实现。在同一级别的保护区内，监测点应保持适当的密度，尽可能均匀地分布在保护区内。可按照如下标准来设定：一级保护区的监测点密度为每平方千米 1～3 个水量（或水质）监测点，二级保护区的监测点密度为每 10 平方千米 3～5 个水量（或水质）监测点，准保护区为每 100 平方千米 5～10 个水量（或水质）监测点。以上标准的高低限值，可根据保护区具体情况来定，一般遵循如下原则：集中供水水源地多于分散供水水源地；潜水型水源地多于承压水型水源地；位于城市、工业区、居民区的保护区多于位于农村、偏远地区的保护区。此外，对于水质监测点还应适当考虑地下水径流路径和污染源位置，在上游区域多布设监测点，而在下游适当少布设监测点；在污染源附近多布设监测点，远离污染源的位置少布设监测点；在靠近海岸线或地下水咸水含水层的地点多布设监测点。地质环境灾害监测主要是在地下水超采较严重的地方进行，不超采或超采程度较轻的地方可不设监测点。在设置监测点时，可参照 2018 年 5 月 1 日开始实施的中国国家标准《地下水超采区评价导则》（GB/T 34968–2017）中有关地下水动态监测区内的地面沉降量监测、土地沙化调查、地面塌陷调查、地裂缝调查等相应的监测方法和内容。监测点应集中分布在一级、二级保护区内，在地下水超采特别严重的区域，可在准保护区设置监测点。生物多样性监测可在一级、二级保护区内按照每 100 平方千米 1～2 个生物监测点来设置。

3. 监测频率

在进行地下水水位监测和开采量监测时，抽水井的监测频率应不少于每周一次，在条件允许的情况下应实现每日一次；一级保护区内监测孔的监测频率应不少于每月一次，在条件允许的情况下实现每周一次；二级保护区内监测孔的监测频率应不少于每两月一次，在条件允许的情况下实现每两周一次；准保护区内监测孔的监测频率应不少于每年三次，在条件允许的情况下实现每月一次。对于泉涌量的监测，可按照枯、平、丰水期来进行相应调整，在枯水期加密监测频率，如抽水井和一级监测孔的监测频率为每日一次，而在平水期和丰水期可减少监测频率。

不同等级保护区的水质监测频率也相差较大。一级保护区内抽水井和监测孔的监测频率为每月一次，在条件允许的情况下达到每周一次；二级保护区内监测孔的监测频率为每季度一次，在条件允许的情况下达到每月一次；准保护区内监测孔的监测频率不少于每年一次。对于离污染源较近的监测孔，要加密监测频率。此外，水质监测同样也要在枯水期适当加密监测频率。

地质环境灾害监测点的监测频率为每年 1 次，在地下水超采特别严重的地区可适当加密监测频率。监测时间一般选在每年的枯水期。

一般情况下，水量监测和水质监测可以同时进行，而地质环境灾害监测则可以单独安排时间进行。

参考文献

[1] 黑亮. 岩溶地下水资源开发利用与饮水安全保障 [M]. 郑州：黄河水利出版社，2017.

[2] 李伟，闵星，林锦，等. 地下水人工回灌模拟研究 [M]. 南京：河海大学出版社，2018.

[3] 刘沂轩，刘洪华，熊彩霞，等. 地下水监测井钻探工艺与施工技术 [M]. 徐州：中国矿业大学出版社，2019.

[4] 张卫，覃小群，易连兴，等. 以地面沉降为约束的地下水资源评价：以上海地区为例 [M]. 武汉：中国地质大学出版社，2019.

[5] 刘宏伟，马震. 莱州湾南岸地下水及其环境地质问题 [M]. 武汉：中国地质大学出版社，2019.

[6] 张先起，赵文举，穆玉珠，等. 人民胜利渠灌区地下水演变特征与预测 [M]. 北京：中国水利水电出版社，2019.

[7] 宋中华，田慧，李倩，等. 地下水水文找水技术 [M]. 郑州：黄河水利出版社，2020.

[8] 吴剑. 钢铁冶炼行业土壤及地下水污染防治 [M]. 南京：河海大学出版社，2020.

[9] 程鹏环. 盐城地区地下水渗流场分析及地质风险研究 [M]. 北京：中国纺织出版社，2021.

[10] 李殿鑫. 铀污染地下水原位生物修复技术 [M]. 北京：冶金工业出版社，2021.

[11] 贾超，狄胜同，张永伟，等. 地下水开采诱发地面沉降机理及防控 [M]. 北京：地质出版社，2021.

[12] 贺前钱. 地下水变化对重力场观测的影响 [M]. 武汉：中国地质大学出版社，2021.

[13] 刘心彪. 甘肃陇东盆地地下水资源及开发利用研究 [M]. 北京：地质出版社，2022.

[14] 赵培，张弛，盛智炜，等. 伊洛河盆地浅层地下水水文地球化学演化及补给特征研究 [M]. 北京：地质出版社，2022.

[15] 万劲波，周艳芳. 中日水资源管理的法律比较研究 [J]. 长江流域资源与环境，2002（1）：16-20.

[16] 华凌. 法国用严法保障地下水质 [J]. 共产党员（河北），2017（8）：56-57.